中国特色高水平建筑装饰工程技术专业群建设系列教材

高职教育新形态工作手册式教材

景观效果图绘图员工作手册

金濡欣　　张高峰　编著

天津大学出版社
TIANJIN UNIVERSITY PRESS

图书在版编目(CIP)数据

景观效果图绘图员工作手册 / 金濡欣, 张高峰编著
. -- 天津 : 天津大学出版社, 2024.6
中国特色高水平建筑装饰工程技术专业群建设系列教
材 高职教育新形态工作手册式教材
ISBN 978-7-5618-7732-6

Ⅰ.①景… Ⅱ.①金… ②张… Ⅲ.①景观设计－绘
画技法－高等职业教育－教材 Ⅳ.①TU986.2

中国国家版本馆CIP数据核字(2024)第109673号

出版发行	天津大学出版社
地　　址	天津市卫津路92号天津大学内（邮编:300072）
电　　话	发行部:022-27403647
网　　址	www.tjupress.com.cn
印　　刷	天津泰宇印务有限公司
经　　销	全国各地新华书店
开　　本	787mm×1092mm　1/16
印　　张	21.5
字　　数	550千
版　　次	2024年6月第1版
印　　次	2024年6月第1次
定　　价	55.00元

前　言

　　《景观效果图绘图员工作手册》依据景观效果图绘图员在实际工作岗位上的具体工作任务、流程以及所需要的必备素养、核心技能编写。在教材开发过程中按照"企业调研—明确岗位核心职责—确定岗位核心工作内容—形成典型工作任务—明确工作步骤—形成课程体系"的主体思路,以项目化过程为导向,以专业、优质的方案效果图、文本和可视化的三维动画为结果导向,以 SketchUp、AutoCAD、Lumion 为三位一体的核心软件,构建景观效果图绘图员岗位的任职要求、执业标准、工作过程。本教材注重职业素养、艺术素养和专业素养的融合,并结合社会主义核心价值观和生态文明建设,结合具体景观方案和景观项目提出工匠精神、创新精神、质量意识、文化审美、生态意识的要求,实现了课程思政与专业教学的适度融合。

　　工作手册式教材在本质上不是教材物理形态的变化,而是课程内容和组织模式的改革,对课程体系进行梳理、优化和重构,建立基于职业能力的模块化课程体系,明确模块能力标准及接口。本教材采用模块化、项目化、任务式结构,遵循行动导向或任务驱动教学模式的需求;以工作手册为主要形式,把学生应知应会的概念、参数、知识及技能点融入项目和任务实施的工作过程中。在应对提高职业教育的适应性问题的同时兼顾科学性,使本教材不仅体现出具体工作项目操作的指导作用,同时提供了具有普遍性、科学性、教育性的方法、知识。

　　本书共 5 篇。第 1 篇为"景观设计行业与景观效果图绘图员解读",简要介绍景观设计专业的基本内涵、景观设计行业的发展背景以及景观设计从业人员的专业定位。第 2 篇为"景观效果图绘图员基本素养",简要介绍景观效果图绘图员应具备的理论素养、职业素养和艺术素养。第 3 篇"景观效果图绘图员核心软件技能"为本书的核心部分,介绍以 SketchUp 为核心,SketchUp+Enscape、AutoCAD、Lumion 三位一体、协同合作的核心软件技能模块,并在这一核心软件技能模块中贯穿工匠精神、创新精神、质量意识、文化审美和生态意识,筑牢高职院校环境艺术设计专业学生的核心技能基础。第 4 篇为"建筑动画软件 Lumion",在软件技术不断更新的背景下选择具有行业代表性的软件作为 3D 可视化技能培训的主体内容。第 5 篇为"景观效果图绘图员潜力提升",主要讲解行业内景观效果图典型案例、方案文本的有效表达与制作。本教材以前瞻性的理念关注景观效果图绘图员的可持续发展,学习者在前 4 篇的基础上掌握了基本知识和核心技能,具备了基本的职业素养和专业判断能力后,可通过最后一篇挖掘潜力。

　　本教材相关资源可登录 https://www.icve.com.cn(智慧职教官方网站),在"环境景观效果图制作"课程中下载。

　　由于编者水平有限,本书难免存在疏漏与不足之处,敬请使用者及同人批评指正。

编者

2022 年 5 月 4 日

编者团队简介

金濡欣

江苏建筑职业技术学院教师。

毕业于四川大学,获硕士学位。

从事环境艺术设计专业的相关教学与科研工作。研究方向:人居环境景观设计、园林美学及生态美学研究。

负责本教材的整体结构设计与主体内容编写。

张高峰

徐州新蓝影视传媒有限公司总经理,江苏建筑职业技术学院与江苏师范大学外聘教师。

毕业于江苏建筑职业技术学院艺术设计专业。

负责本教材 Lumion 软件模块内容的编写。

目　　录

第3篇　景观效果图绘图员核心软件技能

第 4 篇 建筑动画软件 Lumion

第5篇　景观效果图绘图员潜力提升

第 1 篇

景观设计行业与景观
效果图绘图员解读

项目 1.1　环境景观设计相关概念与核心内涵认知

【项目描述】

景观设计师、景观设计师助理、景观效果图绘图员、景观施工员等职业人员都需要对所从事的专业和行业有一个基础性认知。景观效果图绘图员应对景观设计专业相关的基本概念,与之相关的行业、学科、专业关系有基础的理解。

【项目目标】

(1)掌握景观、景观设计的基本概念与内涵。
(2)了解与景观设计联系密切的学科、专业及行业。

1.1.1　任务一:景观与景观设计基础概念认知

伴随后工业时代的现代城市化进程,城市建设的日益加快以及生活内容的快速更新,人们对居住与生活环境有了更高的需求,景观建筑师也面临着解决更多问题的现状。城市建设者和营造者在解决人们的基本居住需求的同时,也期望创造出符合生活需求、满足物质功能和心理特性的生活环境和工作环境,景观设计这一专业及职业便在城市建设的新需求中应运而生。

1.1.1.1　景观的概念

对于景观的概念,目前学术界存在很多表述。景观的概念经历了一个漫长的发展和演变历程。用简单的文字描述景观的概念比较困难。我们可以把景观的概念简洁地概括为:土地及土地上的空间和物体构成的综合体。景观是复杂的自然过程和人类活动在大地上的烙印,经历了自然和文化相互叠加与融合的过程。这表明,它不仅局限于当前所见的城市景观。景观的英文是 landscape,由大地 land 和景象 scape 两部分组成。由此可见,在西方人的视野中景观最初的意义是呈现在物质形态的大地之上的空间与物体形成的景象集合。所以景观既包含自然景观,也包含人工景观,还包含自然与人工巧妙结合的复合景观。例如,土地、山体、水体、植物、动物以及光线、气候条件等由自然要素集成的景象称为自然景观;另一类景象则是人类根据自身的不同需求,对土地进行了不同程度的加工和利用而形成的,如农田、水库、道路、村落、城市等,这些在人类活动作用于土地之后形成的景象称为文化景观。

历经农业文明、工业文明以及后工业文明时代,人类活动已经深刻地影响了整个地球。尤其是今天,完全没有被人类影响的大地是极少的。根据人类对大地的影响程度,从自然景观到文化景观呈现出一种梯度的概念,影响程度越小,越趋向于自然景观,反之越趋向于文化景观。而将自然与人工巧妙结合的设计活动能够形成高度融合、统一的复合景观。要完整地理解景观的概念,还必须了解景观的基本要素、基本属性以及景观的物质性、文化性、人本性、艺术性、系统性。今天的景观设计,在讲究工匠精神、技术质量意识、文化审美、艺术化品质的同时,还要注重生态性。

1.1.1.2　景观设计的概念

景观设计学是一门综合性较强的设计艺术学科,是一门建立在广泛的自然科学和人文、艺术科学基础上的应用科学,也是关于景观的分析、评估、规划、布局、设计、改造、管理、保护和恢复的专业科学与艺术。加拿大景观设计师协会曾将其定义为关于土地利用和管理的专业,尤其强调对土地的设计。通过对有关土地及一切人类户外空间的问题进行科学、理性的分析,提出问题的解决方案和解决途径,并达成设计的实现。值得注意的是,景观设计发展的历史也是人类社会不断发展变化的历史。景观设计既是一种物质生产活动,也是一种文化艺术审美过程。

广义的景观设计学主要包括规划和具体空间设计两个环节。其中规划环节是在规模、尺度上对景观的把握,譬如场地规划、土地规划、环境规划和城市设计。狭义的景观设计学的要素有地形、水体、植被、道路铺装、建筑及构筑物、公共艺术品等,主要涉及对象是不同类型的城市开放空间,包括广场、步行街、居住区、街头绿地、不同类型的公园、城市滨湖滨河带等。在生态文明理念下,景观设计更应注重和探究人与自然和谐共存的关系,强调对土地与土地上的物体及空间进行全面协调和完善,以使人、建筑、街道以及各种生物种群得以和谐共存,力求把可持续发展作为根本目的进行设计。

1.1.2　任务二:与景观设计联系密切的专业学科及行业认知

景观设计与地理学、城市规划学、建筑学、园林学、农学、景观生态学、人体工程学、景观心理学等学科专业联系紧密,面向外景空间的环境建设是景观设计的核心。

1.1.2.1　景观生态学、城市生态学

与景观设计关系密切的景观生态学和城市生态学是以生态学原理为基础,受其启发而

建立的交融学科。早在 1939 年,景观生态学由德国地理学家 C. 特洛尔提出。景观生态学是建立在地理学与生态学基础上的交叉学科,它注重对景观资源的管理及景观的生态性设计,对现代景观规划有重要的指导意义。城市生态学是研究城市居民与城市环境之间关系的科学, 20 世纪初由芝加哥学派提出朦胧的构想。近几十年来,城市群落、城市转型和城市发展是组成城市和谐发展的重要内容。

1.1.2.2　城市规划

城市规划是根据城市的地理环境、人文条件、经济发展状况等客观条件制定的适宜城市发展的整体计划,是协调城市各方面发展并进一步对城市的空间布局、土地利用、基础设施建设等进行综合部署和统筹安排的一项具有战略性和综合性的工作。

由政府部门主导的大型城市规划一般是确定城市性质、规模和发展方向,合理利用城市土地,协调城市空间布局和各项建设的综合部署。2019 年,第十三届全国人民代表大会常务委员会第十二次会议审议通过《中华人民共和国土地管理法》修正案,增加第十八条:国家建立国土空间规划体系。依法批准的国土空间规划是各类开发、保护和建设活动的基本依据。这个体系形成了全国国土空间规划、省级国土空间规划、市县级和乡镇级国土空间规划的分层分级结构。另外,在国土空间规划下提出了"三区三线"的划定。"三区三线"是根据城镇空间、农业空间、生态空间这三种类型的空间,分别对应划定的城镇开发边界、永久基本农田保护红线、生态保护红线这三种控制线,再次从规划的宏观角度确保生态性。在这个体系的基础上,城市规划又分为总体规划(总规)、分区规划(分规)、控制性详细规划(控规)、修建性详细规划(修规)等对城市空间布局和各项建设从宏观到具体不同阶段的规划。城市设计实务和城市环境设计活动必须遵循和符合城市规划的前提要求。随着城市功能的发展,城市规划也有了纵深发展,尤其在具体的城市单元模块设计中,要求把物质环境设计放到社会、经济、文化、技术和自然条件之中加以考虑,以创造满足居民基本生活需要的良好环境,将城市的美化与城市的各项功能要求有机地结合起来,形成以"宜居性"为核心的新型城镇化规划的细分市场。城市规划与景观设计在发展过程中,在多个衔接的业务节点相互作用、相互影响。从宏观用地规划到具体微观设计,形成了有机的链条式服务,以确保项目的可实施性。

1.1.2.3　建筑学与建筑设计

从广义上来说,建筑学(architecture)是研究建筑及其环境的学科。它旨在总结人类建筑活动的经验,以指导建筑设计创作,构造某种建筑环境体系。建筑学涉及建筑的艺术和建筑的技术。作为实用艺术的建筑艺术包括美学的一面和实用的一面,二者虽明确不同但又密切联系,其分量视具体建筑物的情况而大不相同。建筑学的主要内容涉及建筑设计、空间造型、结构、材料、环境、建造等方面的基本知识和技能,各类建筑的规划、设计和建造等活动。建筑设计(architectural design)一般由方案设计、初步设计和施工图设计三个阶段构成,指在建造建筑物之前,设计者按照建设任务和现有条件把施工过程和使用过程中可能存在的问题事先做好通盘设想,拟定好解决这些问题的方案,用图纸和文件表达出来,作为备料、施工组织以及各工种在建造工作中互相配合、协作的共同依据,便于整个工程在预定的投资限额内按照周密考虑的预定方案顺利进行,并使建成的建筑物充分满足使用者和社会所期望的各种要求。

随着城市规划与设计观念的发展,建筑与景观之间的互动与联系越来越密切。景观设计要充分考虑场地空间内的建筑空间,建筑设计除了考虑室内的主要功能、建筑空间结构、建筑外观立面、建筑本体语言等因素,也需要充分考虑周边环境、自然资源条件,将景观的功能考虑进去。在面积和规模较大的户外景观环境当中会涉及诸多类型景观建筑、景观构筑物的设计与组织,建筑与景观之间应做到有机协调。所以,合格的景观设计师也应对建筑有一定的了解,以更好地提供景观解决方案。

1.1.2.4　风景园林学与园林设计

作为人类文明的重要载体之一,与人类活动相关的风景园林已存续数千年。作为一门现代学科,风景园林学可追溯至19世纪末、20世纪初,是在古典造园、风景造园的基础上通过科学革命的方式建立起来的新学科。风景园林与建筑及城市构成图底关系,相辅相成,是人居学科群的支柱性学科之一。风景园林学既包含对传统园林史、园林设计的研究,也包含园林与景观的现代设计方法。在现代景观设计产生和流行之前,人居环境拥有漫长的古典园林史。所以风景园林学与景观设计学存在比较密切的联系。

在农业时代,中西方文化形成了丰富的造园艺术与造园经验,其包括不同尺度的水利和交通工程、风景审美艺术、居住环境思想及城市营建技术等内容,是宝贵的技术与文化遗产。任何一门源于农业时代的经验科学或技艺都必须经历用现代科学技术和理论方法脱胎转变的过程,才能更好地解决大工业时代的问题,特别是城镇化带来的人地关系问题。1858年,美国景观设计之父奥姆斯特德坚持将其所从事的职业称为 landscape architecture(风景建筑),而非当时普遍采用的 landscape gardening(风景造园),从而为景观设计专业和学科的发展开辟了一个较广阔的空间。20世纪60年代,景观设计学另一位重要的奠基人麦克哈格(McHarg)针对当时景观设计学科无法应对城市问题、土地利用及相关环境问题而引入了生态规划的理念。经过现代社会的发展和大量景观设计师的思索、创新和实践,发展出了现代景观设计的理论和方法,渐渐形成了适应人类居住环境新需求的现代景观设计学。同理,专业和学科的定义空间也不应成为景观设计学科在当今发展的界限。

项目 1.2　景观效果图绘图员解读与岗位定位认知

【项目描述】

景观项目设计是景观设计师、景观设计师助理、景观效果图绘图员、景观施工员等职业人员分工明确、共同协作的过程。景观效果图绘图员需要了解自己在职业岗位群中的位置、作用和核心工作内容,在对行业发展和工作环境有基本了解的同时,明确岗位定位。

【项目目标】

（1）了解我国景观设计行业发展现状和趋势。
（2）熟悉景观设计师与景观效果图绘图员的职业认知与岗位定位。

1.2.1　任务一：我国景观设计行业发展特征与现状认知

我国景观设计行业的发展具有一定的特点。在最初的城市建设阶段,景观行业与城市园林绿化发展息息相关。鉴于园林绿化在城市建设中的重要作用,政府对城市园林绿化的投入一直维持在较高水平。在过去几十年的发展中,创建"园林城市""宜居城市"的理念被越来越多的城市所接受并纳入实践。各城市以创建园林城市为契机,带动城市基础设施建设、园林绿化工程的发展,进而促进景观设计的不断升级。随着人民生活水平的提高,人们对生活质量、生存环境的关注日益增强。城市的发展日新月异,塑造丰富多样、有吸引力、有品质的城市空间环境成为提升城市竞争力的重要因素。随着城乡建设的统筹发展、乡村振兴等策略的提出和实施,乡镇与新农村的景观环境也在改造和提升进程当中。目前我国的景观设计行业主要涉及的领域包括不同类型的居住社区、商业综合体、市政公园绿地及公共服务空间、旅游度假区等。从整个行业来看,国家政策引导、各级地方政府城市规划、公共机构发展、房地产开发规模与方向、企业单位投资以及下游企业发展决定了整个行业的基本需求与市场容量。

1.2.1.1　社区环境投入的持续和升级

在很大程度上,我国景观设计的市场化扩展是伴随着房地产市场的发展而成长起来的。有关数据资料显示,2005—2015 年我国房地产企业投资完成额逐年增长。在此期间,住宅建设投资年均复合增长率为 19.52%;商业、办公楼等其他地产投资年均复合增长率为 20.05%。房地产开发市场的持续增长带动了包括地产景观在内的多个行业的发展。在 2005—2020 年,房地产市场投资的增长给房地产园林及景观市场带来了较多的业务机会,这段时间也成为地产景观的黄金期。2014 年以来,我国住宅类房地产开发投资增速回落,地产景观设计的市场份额逐渐缩减。进入下一个 20 年,受房地产行业发展趋势的影响,居住性建筑需求渐趋饱和,地产景观设计的市场份额减少,但依然是整个景观设计市场的一个组成部分。这需要景观设计行业的从业人员思考未来的转型趋势,适应时代和社会的变化。譬如,随着人口老龄化,老旧小区的适老化改造、康养中心及康养类居住社区的适老化景观设计需求会有一定的增长;具有海绵城市生态技术特点、屋顶花园新技术,智能化、智慧化发展的居住区景观将成为新的需求。

1.2.1.2　商业综合体的发展

随着我国城市化进程的加快以及城市人口核心聚集区的调整,商业地产在 2010—2020 年进入市场并经历快速发展阶段。2015 年我国商业营业用房新开工面积达到 22 530.29 万 m²,较 2005 年的 7 675.47 万 m² 增长了 193.54%。经历了商业类型与商业模式的演变,商业综合体及特色商业街已普遍成为代表城市品牌与核心生活方式的标志区。至 2020 年,商业综合体建筑得到了快速发展,并逐步从中心城市向区县城镇发展,成为景观规划及景观设计行业的业务组成部分。

1.2.1.3　市政及公共空间需求

市政及公共空间的增长驱动力与城镇化进程存在一定关系。有关数据资料显示,政府在园林和绿化方面的投资金额从 2005 年的 411.30 亿元增长到 2015 年的 2 075.40 亿元,年均复合增长率为 17.57%。城市建设逐步向精致化、园林化迈进,市政及公共空间对园林景观的建设需求仍保持在较高水平。2012 年 11 月,住房和城乡建设部颁布了《关于促进城市园林绿化事业健康发展的指导意见》,要求到 2020 年前根据《城市园林绿化评价标准》所规定的一级及二级国家标准,将发达地区的绿化率分别提升至 35% 及 31%。公共建筑与公共空间景观作为体现一个城市文化精髓和特征的重要载体,一直以来代表着景观设计的较高水准。近年来,随着我国经济与社会的快速发展,城镇化进程的不断加快,政府加大了对以医疗、教育、体育、文化设施,政府公共机构,公共园林景观,展览中心,车站大楼等为代表的城市基础公共服务设施的投资,一方面促进了经济社会发展,另一方面也增强了为城市居民生产生活服务的功能。

除了大型的市政广场、市民公园、公共园林绿化外,市政及公共空间的景观设计也趋向手法的多元化。譬如小型口袋公园的建设、健康步道系统的建设、基于生态修复前提的山体公园或湿地公园的建设以及与历史文化产业相关的景观建设等。

1.2.1.4　产业园区建设需求

随着国家加大经济结构调整力度,各地政府积极推进产业转型,带动了各种新型工业园区、科技园区、文化创意园区、电商产业园区的建设,甚至包括现代的商业、产业、办公综合开发设计及知名互联网高科技产业办公园区等项目,上述园区的设计涵盖园区规划、建筑设计、市政工程设计、园林景观设计等多个领域。譬如,位于杭州的菜鸟云谷产业园、阿里巴巴南湖园区,位于北京中关村朝阳园北扩区的互联网企业总部园区,京东总部合作伙伴大厦等,在园区景观的设计和营造中,充分利用数字化赋能,注重景观低影响开发、生物多样性与碳中和理念,创造新生代工作生活方式及办公场景,实现高科技智慧办公研发园区与生态技术的融合。

1.2.1.5　旅游度假建设需求

我国旅游行业进入快速发展时期,全国旅游业总收入增长速率曾一度高于 GDP 增速。"十二五"期间,国家政策积极扶持旅游业尤其是休闲度假旅游的发展。2014 年,国务院颁布了《关于促进旅游业改革发展的若干意见》,提出"到 2020 年,境内旅游总消费额达到 5.5 万亿元,城乡居民年人均出游 4.5 次,旅游业增加值占国内生产总值的比重超过 5%"的目标。未来旅游度假产业将面临新的挑战,土地开发模式、战略思路、功能主题、产品体系、空间布局、商业逻辑、实施计划等均需要通过专业的规划咨询,确定基地发展思路和方案,为后期建设提供蓝图和依据。

1.2.2　任务二: 景观设计发展前景与趋势认知

1.2.2.1　市场形成初步的细分格局与景观公司知识结构多元化

景观行业面临市场空间的变化和社会经济环境的发展而发生变动与调整。强大的产业型公司开始抢占市场,小而专的公司提供高精尖的产品服务,中间型产品供应者将直面最激烈的市场竞争。大型景观公司可能成长为两个类型,一种是涵盖规划、建筑和景观设计的方案提供者,另一种则是覆盖设计、施工和材料供应全产业链的承建单位。总体来说,大型景观公司将以城市片区作为工作对象,专业实力将成为业主选择设计或施工单位的决定因素。未来景观公司除了与业主讨论专业技术之外,会更多地与业主的发展战略及具体项目的开发策略进行匹配。景观设计公司的知识面将沿纵向和横向扩展：在纵向上与产业链匹配，在横向上进行更多的跨界。新型的景观公司除了专业化之外，将具有更多元化的知识结构。景观设计必然需要从土地开发、项目运营等更上游、更广阔的经济、政治、社会层面为设计寻找存在逻辑。设计公司的核心竞争力无疑是设计和服务，而良好的管理能保证企业的可持续发展。在项目机会充足的情况下，管理薄弱不会造成致命的影响，但未来管理水平将成为大多数公司的瓶颈。另一方面，行业的营销也将告别过去的模式，发掘更多途径。

1.2.2.2　城市景观品质变成城市之间竞争的主战场

未来区域或城市之间的竞争会更加激烈，城市需要形成自己的特色和吸引力。从发掘城市核心竞争力的角度，城市景观将成为政府的核心工作内容之一，土地的规划、设计、使用都会匹配整个城市的竞争战略。不管是"公园城市，生态赋能"，还是"智慧城市，科技赋能"，城市建造者都会思考未来城市发展的景观特质与格局，规划可持续发展蓝图，景观规划与设计是实现城市可持续发展的重要保证。

1.2.2.3　技术手段升级

随着科技和互联网的发展，景观行业会迎来产业升级的技术手段。云端将从三个层面为景观公司提供服务。

（1）海量的案例和素材。云端医疗为所有智力服务型行业作出了示范。

（2）类 BIM（建筑信息模型）的设计工作方式。BIM 的发展最终可能导致建筑和景观基于同一个作业平台进行工作。

（3）系统化和数据化的企业运营管理体系。云端会为设计公司提供所有的软件支持，并记录设计过程中的时间与动作。

有了云端的支持，设计公司也将进入大数据时代，同时差异化的设计公司将因为长尾效应而得以多元化生存。逼真模拟、所见即所得的技术将成为主要的设计表现手段，例如 3D 打印、可穿戴设备的实景模拟技术；新材料的开发将改变整个行业的设计语言，模块化的混凝土材料、太阳能路面等将得到越来越多的使用。

1.2.2.4　下游行业垂直电商化

产业链下端已经出现苗木类垂直电商，来自下游的专业化和标准化率先完成；具有云端的管理和设计系统会被广泛应用。以苗木市场为例，苗木市场的电商化将使资源得到更好的利用，也会从技术上解决苗木质量标准等难题，并反推行业进步。另一方面，苗木垂直电商出现后，石材等材料的垂直电商应该也会得到发展。

1.2.2.5　公共活动的参与度提高

随着网络传媒的不断发展,"e"时代的到来使得信息的交流互动突破了时间与空间的限制,线上与线下结合,使人们获取信息、关注公共事务的途径不断便捷化。设计师将更加关注社会生活,一些景观设计将逐渐走出设计公司参与公共事务,景观设计对公共活动的参与度也会提高。

1.2.3　任务三:景观效果图绘图员解读与岗位定位认知

要了解景观效果图绘图员的岗位定位,需要对与景观设计行业相关的主要职业岗位群具有一个相对完整的理解。

1.2.3.1　景观设计师职业认知

景观设计师这一称谓最早于1858年由奥姆斯特德非正式使用,1863年正式作为一种职业称号为纽约中央公园委员会所使用。1900年,小奥姆斯特·德和舒克利夫在哈佛大学首次开设了景观规划设计专业课程,首创了四年制的景观规划设计专业学士学位。经过众多景观设计先驱的不断努力,现代景观设计在理论和实践上取得了很大的成就。

在空间设计体系里,设计师根据所承担任务的内容和性质划分为建筑设计师、室内设计师、景观设计师。景观设计师是从事景观设计的技术人员,也称风景园林设计师、城市规划师,又可具体划分为设计负责人、方案设计师、施工图设计师。设计负责人主要负责控制项目设计的进度,与委托方沟通协调具体方案,组织施工图设计人员有效工作,同时要确保项目设计符合国家、地方建设管理法规,把握设计的质量,与施工方配合做好现场工作。方案设计师主要负责项目方案,方案成败是项目成败的关键,方案设计师应做好前期资料收集工作,对现场进行踏勘,掌握现场条件和设计技术要点。方案设计师应有深厚的人文心理资源、生态工学等方面的知识,在方案设计阶段贯彻委托方的要求,合理安排功能布局。景观结构及方案风格应该明确且经过甲方认可,具有很强的施工可行性,尽可能做到节约工程成本。施工图设计师是在方案经过委托方和主管方认可后,对其进行深入细化制作的人员。施工图是后期施工的基础,也是工程预算结算的基础。施工图设计师必须理解方案的特点,对具体的铺装样式,材料工艺,构造做法,地形,标高,绿化植被,景观构筑物,给排水、照明、用电系统进行详细设计,达到指导施工的目的。施工图设计师必须充分了解市场上常用的景观工程材料的种类、特性、规格、做法、造价,并在设计时熟练运用,对绿化植物的规格、种植效果、养护也须有深入的了解。无论是设计负责人、方案设计师还是施工图设计师,在设计时都必须做到与委托方及时沟通,有效协调各个工种,深入了解国家、行业、工程规范,做到安全、合理、经济、美观的统一。

1.2.3.2　景观效果图绘图员职业认知

景观效果图"绘图员"并不等于景观"设计师",但一名优秀的效果图绘图员一定是精通技术表现并具有设计师素养的专业效果图表现师。在工作中要求景观效果图绘图员夯实技术技能、培养设计师素养,使自己更好地与方案主创设计师协作,助力项目的完成。为突出职业特色和技能特色,本教材依据景观效果图绘图员在实际工作岗位上的具体工作任务、流程以及所需要的必备素养、核心技术技能编写,体现了本教材的职教特色和景观效果图绘图员的职业特点。在突出职业技能素养的同时,兼顾艺术素养和专业素养,目的在于使学生、从业人员成为具有基础设计能力和设计思维、懂设计的景观效果图绘图员,从而高效地协助景观设计师,根据整体的方案设计意向完成方案建模、效果图制作、方案场景动画制作的任务。

第2篇
景观效果图绘图员
基本素养

项目 2.1　景观效果图绘图员的理论基础、基本美学素养认知

【项目描述】

景观设计岗位职业群从业人员需要对所从事的行业、专业基础理论和专业素养建立基础认知,景观效果图绘图员也不例外。由于职业的独特性,景观效果图绘图员还应具备一定的艺术美学素养。从业人员筑牢基础理论、艺术美学与职业素养,有助于职业的长期发展。

【项目目标】

（1）了解景观效果图绘图员应具备的景观设计空间认知理论。
（2）了解景观效果图绘图员应具备的景观形态与构图理论、景观设计制图理论。
（3）了解景观效果图绘图员应具备的景观色彩美学理论、园林美学理论。

景观设计是从业人员对与人类生活、居住、工作、游览、休闲等相关的环境空间的设计与营造。因此与景观设计相关的从业人员（景观方案设计师、景观设计师助理、景观效果图绘图员、景观施工图设计师）应了解景观设计的基础理论,具备基本的理论素养基础。景观设计从业人员的基本素养主要包括基础理论素养（景观设计的基础理论、基本原理、基本原则）、艺术美术素养（美学原理、景观色彩美学、园林美学）以及职业素养等,这些相关的理论知识是进行景观设计认知、景观设计实践的基石,具体见表 2.1-1。

表 2.1-1　景观效果图绘图员的基础理论素养与艺术美学素养

基础工作理论	基本工作原则	基本职业素养
景观设计空间认知理论	程序性原则	服务意识
景观设计构成要素理论	功能性原则	公众意识
景观形态与构图理论	社会性原则	质量意识
景观设计制图理论	文化性原则	工匠精神
景观色彩美学理论	艺术性原则	文化意识
园林美学理论	生态性原则	生态意识

2.1.1　任务一：景观设计空间认知理论

　　景观设计的实质是人性化的外部空间设计,设计后的空间必须满足人的需求,即满足人的生理需求和心理需求。因此,景观设计合理与否应该通过人对空间体验的生理和心理满意程度进行评价。人有视觉、听觉、嗅觉、味觉、触觉等五种感觉,景观知觉是指人经由五种感官接收到环境景观给予的刺激,并对其加以解释和判断的过程。在普遍性特征下,景观知觉也具有一定的个体差异性,会因为观者不同而产生一定的差异。个人总是根据其特性,如社会背景、动机、目标期望、人格、经验、文化和价值观等方面的差异,经过一连串的心理反应,如认知、情感知觉、偏好、评价等,形成不同的个人景观体验。事实上,人通过多种感觉体验环境,不同的感觉之间相互影响,同时也影响着个人对总体环境的评价与判断。

　　人们的审美感受有 80% 来源于视觉,所以景观的视觉形象对人的感知尤其是对空间感的建立(图 2.1-1)显得尤为重要。

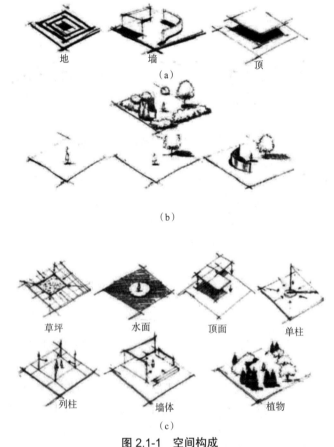

图 2.1-1　空间构成
(a)构成空间的三要素　(b)空间产生"有与无"　(c)空间构成的丰富性

　　环境体验虽以视觉为主,但也始终伴随着其他感觉。不同感觉之间可以相互影响,如相互加强或相互减弱。因此,在环境设计中要充分调动视觉以外的其他感觉,如听觉、触觉、嗅觉和动觉,以增加和丰富环境体验。景观设计中的造型尺度、材质、色彩、光线等都是景观设计的基本元素,这些元素直接或间接地与人的心理感受关联。

空间认知由一系列心理过程组成,人们通过一系列心理活动获得空间环境中与位置和现象属性相关的信息,如方向、距离、位置等,然后对其进行编码、储存、回忆和解码。空间认知依赖于环境知觉,对环境信息的捕捉靠感官来实现。通过对道路、标志物、边界等要素的观察,获取某一区域的信息;通过视觉,把握不同地点之间的距离,捕捉不同区域的主要标志物。

空间认知地图是一个动态过程。人识别和理解环境依赖于在记忆中重现空间环境的形象。经感知过的事物在记忆中重现的形象称为"意象"或"表象",具体空间环境的意象称为"认知地图"。它包含事件的简单顺序,也包括方向、距离,甚至时间的信息。一般而言,对环境越熟悉,认知地图就越详尽。认知地图在脑中记忆的表征形式有两种:一种类似于外界环境的心理图像或意象;另一种则是命题式的。认知地图可以帮助人们理解自己和环境的关系,确定目标的空间定位方位、距离,寻找到达目标的路径,并建立起个人对环境的安全感和控制感(图 2.1-2)。认知地图还是人们接收新环境信息的基础(图 2.1-3)。

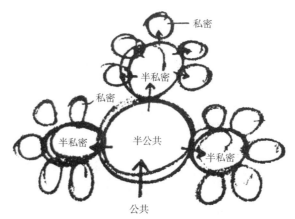

图 2.1-2　空间边界与空间属性

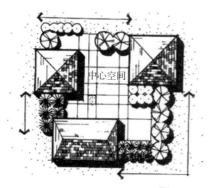

图 2.1-3　植物与景观空间构成

2.1.2　任务二：景观构成元素理论

2.1.2.1　外部环境要素——地域气候、历史文化与风土人情

地域气候因素包括风向、光照、降水、空气湿度、温度等,这些因素对人们的生活方式和地域景观特征具有强烈的影响。不同的气候催生不同的景观特点。景观设计在景观元素的选择和配置上必须顺应气候,符合自然规律,否则景观的生命力将会非常短暂。

历史文化与风土人情也是从事景观设计要考虑的重要外部环境要素。景观是历史的反映,是特定地区人们生活轨迹和特点的体现。进行景观设计时,要调查分析当地的历史文化背景和风土人情特点,融入文化元素,体现文化内涵,形成场地气质,让现代人了解历史,了解场地个性。对属于这片土地的、有历史价值的地上物要进行保留,并从景观特质和风景资源的视角出发,有选择地赋予其新的景观和功能属性。通过再生设计使景观得以再生,体现出特有的地域情结,延续地域文脉精神。景观是有生命的,在这里生命不仅指动植物等自然元素的生长,还包含历史文化与风土人情的延续。

2.1.2.2　景观地形

根据设计形式,地形可分为平地、坡地、山地三种类型。

（1）平地按地面的材料可分为土草地面、沙石地面、铺装地面（如砖、片石、水泥、预制块等）、绿化种植地面。为了有利于排水,一般要保持 0.5°~2° 的坡度。不同的场地类型,如草坪、体育场、城市广场、停车场等,对坡度的处理有更加具体的要求。

（2）坡地即倾斜的地面,按地面倾斜的角度可分为缓坡（坡度为 8°~10°）、中坡（坡度为 10°~20°）、陡坡（坡度为 20°~40°）。丰富的地形资源及地形设计具有丰富的景观视觉效果、特有的空间体验价值及功能属性。

（3）山地的坡度一般大于 50°,包括自然山地和人工堆山叠石。山石造景包括置石和堆山两部分。置石以山石为材料进行独立性或附属性的造景布置,主要表现山石的个体美或局部的组合美,有特置、散点、峭壁山等形式。堆山则具备完整的山形,规模相对较大,因材料不同可分为土山、石山和土石混合山。

2.1.2.3　景观植物

植物在景观设计中具有非常重要的作用,包括生态效益、社会效益和经济效益,是景观设计的重要元素之一。景观植物可以净化空气、水体和土壤,吸收空气中的烟尘、有害气体,调节大气温湿条件,减少城市中的噪声污染,从而改善城市小气候,使人们获得舒适感。作为一种软质景观,植物可以柔化建筑生硬的轮廓,达到美化城市的效果。同时,也可以提升城市形象,展现城市风格。优秀的植物景观还可以陶冶情操,为人们提供日常休闲、文化教

育、娱乐活动的优美场所。植物的配置形式多样,主要以孤植、对植、丛植、树群、树林(密林、疏林)、植篱、花坛、草坪等基本形式构成景观空间。

2.1.2.4 景观水体

在景观设计中,水资源的保护利用及水景营建一直占有重要地位。景观中有水,不但能增加景色的美感,使景色灵动、活泼,而且较大的水面往往是城市河湖水系的一部分,可以用来开展水上活动,有利于蓄洪排涝,形成湿润的空气,调节气温,吸收灰尘,有助于环境卫生,还可供给灌溉和消防用水。

在景观设计中,水景按水的状态可分为静态水景和动态水景两种。静态水景一般是指以片状汇聚水面为主的水景,如湖、池等。动态水景则以流动的水为主体,在形式上主要有流水、落水和喷水三种。水体按形式可以分为自然式和规则式。自然式的水体是天然的或模仿天然形状的河、湖、溪、涧、泉、瀑等形式的水体,水体多随地形而变化。规则式的水体是人工开凿成几何形状的水面,如运河、水渠、方潭、圆池、水井及几何形体的喷泉、瀑布等水体。水体常与雕塑、山石、花坛等一起组景,可以形成湖海、水池、溪涧、叠水瀑布、泉水、河流、岛、井、堤、桥等景观。

2.1.2.5 景观道路

道路是景观的骨架和脉络,是构成景观的重要因素。景观道路的形式有很多,主要起到组织交通、引导游览、组织空间和构成景色的作用。景区或园区的游览道路要具有系统性,按功能主次可分为主要道路(主干道)、次要道路(次干道)和游憩小路(游步道)三种类型。

2.1.2.6 景观建筑及景观小品

建筑在景观环境设计中具有重要作用。建筑设计牵涉的因素很多,建筑形式也丰富多样,而景观环境设计主要侧重于在景观环境中起到构图构景作用的景观建筑以及服务游客的附属建筑。传统园林建筑则是建造具有传统园林文化特色的景观环境所必须学习的内容。

景观小品分为景观设施小品和景观雕塑小品两种类型。景观设施小品指为满足人们对赏景、休息、娱乐、健身、科普宣传、卫生管理及安全防护等的需要而设置的构筑物性质的小品,如护栏、圆桌、椅凳、宣传牌、标志牌、灯具、果皮箱等;景观雕塑小品指富有生活气息和装饰性的小型雕塑及艺术品,如具有人物及动物具象形态的装饰雕塑及反映现代艺术特质的抽象雕塑等。

2.1.3　任务三:景观形态与构图理论

景观形态的具体内容由点、线、面、形、色彩和肌理构成。景观形态的内容形成了空间形式的主要视觉因素。从视觉和感受来分析就会涉及形态的表情,形态的表情有庄严的、松散的、神秘的、隐喻的、动感的等多种样态。以传统的美学原则来思考,就要关注形与形、空间与空间的构成关系。

2.1.3.1　点、线、面

1)点

点是空间最重要的位置。从大区域来说,点是一种空间位置;对小尺度空间来讲,点就是一个小景点或一个小构筑物、一件公共艺术品。点有两种:视觉中心点和透视消失点。视觉中心点又分为注目点和标志点。点是景观设计中重要的空间布局方法之一,也是造型艺术设计中重要的特征之一。

2)线

线在视觉上表达方向性。线是连接"点"空间的重要方式,也是造型艺术中最基本的要素,两点(空间)连接生成线。同时,它是面的边缘,也是景观中面与面的交界。线在任何视觉图形中都有重要位置,可以用来表示连接、支撑、包围、交叉关系。垂直线可以用来限定某一个空间范围。在设计中,线可以作为一个设想中的要素。例如,设计中轴线、动线即由空间中的两个点产生的规则线条。在这条线上,各种要素可以进行多种形式的排列。在城市空间里线就是城市的道路,起到交通和划分空间的作用;在某一特定场所中线就是园路,是引导人们进行观赏的路线和布置景点的界面。

3)面

从概念上讲,一个面只有长度和宽度,没有深度。面的最大特征是可以辨认形状。它的产生是由面的轮廓线确定的。面对空间的限定可以由地面、竖向平面、顶面来实现。对景观设计而言,空间界定主要由地面和竖向平面完成,偶尔用到顶面。地面是景观设计中一个重要的设计要素,它的形式、色彩、质感决定了其他要素。地面材料的质感和密实度也将影响人通过其表面的方式。垂直面(墙体、绿篱、成排的树等)决定了空间的联系程度,它的形式在很大程度上影响着景观的总体形式。在景观设计中应用得当的曲面能丰富整体效果,改变由单一平面造成的单调、呆板的气氛。

2.1.3.2　图形

景观中的形可分为人工形与自然形,人工形又可分为几何形与模拟自然形。几何形源于三个基本的图形:矩形、三角形、圆形。矩形是最简单也最有用的设计图形,它雅致而庄重,由线纵横交错形成。在建筑环境的景观设计中,矩形是最常见的组织形式。它与建筑原料的形状类似,由两种形易于衍生出相关图形。几乎所有的古代文明中都出现过矩形的景观设计。由直线纵横交错,组织起城镇、房屋和景观花园的平面。水平和垂直地组织空间是很基本的方法,也是最容易的构图方式。在景观设计史上,矩形也是最好的围合空间的形式(图 2.1-4)。

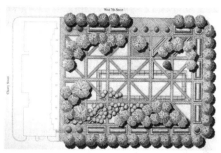

图 2.1-4　伯纳特公园

1)三角形

三角形有运动的趋势,能使空间富有动感,随着水平方向的变化和三角形垂直元素的加入,动感会更强烈。与矩形相比,三角形的兼容性很差,有着更明显的方向性、动感性,有力而且尖锐。因此,它能创造一些出人意料的造型效果,给人以惊喜。若三角形与直线良好结合,往往能为灵活空间的营造打下基础。

2)圆形

圆形有简洁、统一、整体的魅力。就情调而言,圆形给人以圆满、柔和的感觉,也具有运动和静止的双重特性,在美学上是极具向心性的图形。单个圆形空间具有间接性和力量感;多个圆形组合效果是很丰富的,基本的方式是不同尺度的圆相加或相交。圆形还可以分割成半圆、四分之一圆等,并沿着水平轴和垂直轴移动而构成新的图形(图 2.1-5)。

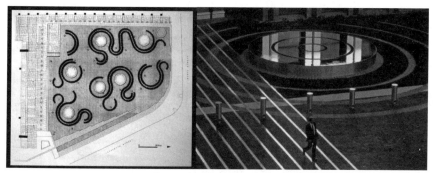

图 2.1-5　葡萄酒美食和艺术中心与亚克博亚维茨广场

3)螺旋形

螺旋形是由一个中心逐渐向远端旋转而形成的图形。将螺旋形反转可以得到其他形式的图形。以螺旋线上的一点为轴进行旋转会产生一种强有力的效果。把部分螺旋形和椭圆形结合在一起可以创造出有层次的景观空间。

2.1.4　任务四：景观设计制图理论

在景观设计中设计师常用的绘图工具有以下几种：三角板、比例尺、丁字尺、蛇形尺、圆模板、针管笔、勾线笔、马克笔、彩铅笔、色粉笔、铅笔、透台、硫酸纸、制图纸等。

2.1.4.1　透视学与制图

在园林景观制图中，电脑绘图和手绘两种形式都需要用到透视学。常用的透视理论为一点透视、两点透视和三点透视。透视就是近大远小的规律，所谓一点透视、两点透视就是从不同角度观看对象时的视觉特征。徒手勾图就是利用透视的规律来计算画面中的形体。这和尺规作图的表现形式有很大的区别，后者是通过找 M 点、S 点等来计算透视的，虽然准确而理性，但却烦琐并会耗费一定的时间。

2.1.4.2　手绘效果图表现技法

在设计效果图表现中经常运用一些技巧和景观处理方法，以表现出设计师最理想化的效果设计意图，具体包括以下技法。

1）轴线法

轴线法是利用轴线来组织景点的方法。把连接两点或多点的基线作为轴线，可以是有形的，也可以是无形的，可以有秩序感，有诱导和观赏的作用。

2）对构法

对构法是将重要景物组织到视线的终结处或轴线的端点处形成视点效果。对构法会形成底景、对景和主景。

3）因借法

因借法是对视点、视线进行组织，把景物纳入视线之中，丰富景观层次，扩大空间感，如近借、远借、仰借、俯借等（图 2.1-6）。

4）相似法

相似包括形似和神似，主要指形似。形似是使事物之间的形象近似，以求得整体的和谐，包括利用反射作用在造型上的重复产生和谐、统一的效果。

5）抑扬法

抑扬法是利用空间对比强化视觉感受，有由低到高、由窄到宽、由阴到阳、由封闭到开敞等。

图 2.1-6　拙政园借景北寺塔 及寄畅园借景龙光塔

6）透视法

透视法是利用视觉的错觉来改变景观环境效果的做法。

7）诱导法

诱导法是充分考虑到动感效应的一种手法,让观赏者能够先知主景所在和前进的目的地,可用艺术处理手法将观赏者逐渐引到主景区。

8）衬托法

衬托法是用图底衬托主体图,利用色彩、明暗、体量等增大对比度,强调色差,从而突出主要景物。同时,也要强化主景的边缘、天际线,使轮廓更清晰(图 2.1-7）。

图 2.1-7　苏州博物馆的"粉墙石绘"

9）框景法

景物被框在景框内或墙体镂空时,观赏之际景物便显得更加美丽,层次更加丰富,空间的变化也更加丰富(图 2.1-8 ）。

图 2.1-8　江南园林里的"框景"

10)虚拟法

虚拟法是一种限定空间的方法。可以围合,也可以不围合,如一些虚体大门的处理手法。

11)障景法

障景法是一种先抑后扬的手法,可以先抑(阻)视线,又能引导空间转折。"欲露先藏"避免一览无余,大有"山重水复疑无路,柳暗花明又一村"之趣。

2.1.4.3　计算机辅助设计

当今社会科技飞速发展,新兴计算机辅助设计已经成为景观设计中不可缺少的一种非常成熟的设计手法。经过十几年的发展,计算机设计已成为一种独立的艺术形式。其图纸设计的规范性和真实性都超越了传统手绘基础绘图方法,越来越被各行各业所认可。景观设计师常用的辅助设计软件有 AutoCAD 、Photoshop 、3DMax 、SketchUp 等。

2.1.5　任务五:景观色彩美学理论

人们欣赏和体验景观环境主要通过视觉,视觉的主要影响因素是色彩。因此景观色彩设计和景观场所中的色彩构成对景观视觉形象起到至关重要的作用。它们的色彩不仅因地域而异,而且随时间推移不断变化,呈现给我们流动的、难以捉摸的色彩画卷。景观环境的追求之一就是"师法自然",那自然的色彩及其组合必然成为景观环境师法的对象。与其他设计要素一样,只有通过精炼、提取、抽象实现色彩的自然属性与社会属性统一,才能升华色彩组合的艺术美。较之于其他艺术形式,景观环境更接近自然,它的组成要素大多取自自然或受自然环境因素影响。因此,景观环境在色彩组合上所受的限制更大,不可能像绘画、雕塑那样自由地、人为地运用色彩。但同时我们也应看到,正由于景观环境要素大多来源于自然,因此这些要素无须调色就已具有了自然美,这时色彩的组合就显得更重要了。

景观环境色彩由自然色彩和人工色彩组成,它们有如下特点:自然色彩种类多而且易变化,特别是其中植物的色彩,一年中植物的干、叶、花的颜色都在变化,而且每种植物有不同的变化规律;而人工色彩相对稳定,一般具有固定的颜色。景观环境的基调色多是生物色彩,它在景观环境中所占的比例最大,非生物色彩与人工色彩点缀其间。自然色彩虽然易变,但也有规律可循,可以通过调节人工色彩达到与自然色彩协调。色彩属于视觉艺术,景观环境色彩的组合应以满足视觉需求为原则。视觉需求是一个不断变化、发展的因子。同时,它也有相对稳定的一面。视觉需求相对稳定的规律性是指人们的色彩观念常受到理性文化传统的影响,即这种观念与当地文化、风俗习惯、宗教信仰密切相关,具有延续性,不易变更。

景观环境色彩组合方法大致有两种。一是类似色的组合,即色轮上相距 90° 以内的色彩组合,这些色彩在明度、纯度上有所变化。如景观环境中树木和草坪不同纯度、明度的绿色组合就属于类似色的组合。这种色彩组合较素净、柔和,但易造成单调感。二是对比色的组合,由色轮上相距 120° 的色彩组合形成。景观环境中的自然色彩与人工色彩可形成对比色的组合。这种色彩组合给人的感觉鲜明、强烈,往往可达到较好的景观效果。在景观环境中,植物的不同绿色可形成类似色的组合;植物的色彩与非生物的山石、水体等的色彩也可形成类似色的组合;植物本身叶色变化、花与叶的色彩又可形成对比色的组合。这些类似色与对比色都是自然物本身所固有的,在一定程度上限制了我们对色彩的运用,只能有目的地加以利用。建筑、小品、铺装、人工照明等人工物的色彩可以直观地进行设色,使它们的色彩与其他要素的色彩形成对比色的组合或类似色的组合(图 2.1-9)。

在色彩组合时,常可利用人工物的色彩在景观中形成画龙点睛之笔。例如秦皇岛汤河公园的“红飘带”(图 2.1-10),耀眼的红色与周围的环境形成强烈的对比,给人以视觉刺激。此外,还应考虑到色彩与地域环境的关系。通常,在炎热地区,宜多采用白色、浅淡色、偏蓝偏绿的冷色,这样给人一种凉爽、舒适的感觉;相反,在寒冷地区,宜多采用暖色,如偏红、偏黄等色彩,或者在中性色系中设局部暖色,增强温暖感,这是通感引起的视觉要求。在我国古典景观环境中,北方色彩华丽而南方色彩较素淡恰好证明了这一点。

图 2.1-9　青岛五四广场雕塑

图 2.1-10　秦皇岛汤河公园的“红飘带”

项目 2.2　景观效果图绘图员的职业素养认知

【项目描述】

景观设计岗位职业群从业人员应对职业素养建立基础认知,景观效果图绘图员也不例外。具备职业素养,明确基本工作原则是职业发展的基础。

【项目目标】

(1)了解景观效果图绘图员应具备的服务意识与公众意识。
(2)了解景观效果图绘图员应具备的质量意识与工匠精神。
(3)了解景观效果图绘图员应具备的文化意识与生态意识。

任务:基本职业素养认知

景观设计过程涉及的知识体系较庞大,这就要求景观设计师具备很好的职业素养,不仅应该精通专业知识,还应当了解、掌握相关知识。景观设计师应具备服务意识、公众意识、工匠精神、文化意识和生态意识。

2.2.1　服务意识

设计行业属于服务咨询业的一种类型,是受委托后提供的劳务服务。因此,设计师首先要以帮助委托方解决问题的心态对待设计工作。应树立三种服务意识:对委托方的服务意识、对民众的服务意识、对社会的服务意识。

2.2.2　公众意识

除了私人委托项目之外,很多景观项目的使用者是公众或者特定群体。因此,应树立公众意识,通过设计促进公共交流和人们之间的交往。比如,广场设计应以公共性活动为线索组织空间,设置足够的服务、休息设施;而居住区的使用者为社区居民,应设置一定的公共景观节点作为小区居民活动的场所。

2.2.3　工匠精神

工匠精神的基本内涵包括敬业、精益、专注、创新等方面的内容。工匠精神是一种职业精神,英文为 craftsman's spirit,它是职业道德、职业能力、职业品质的体现,是从业者的一种职业价值取向和行为表现,具体体现在从业人员不断提高自己的技术与业务水平、雕琢自己的产品、改善自己的工艺,从细节到整体都有很高的要求,追求完美和极致,对精品有着执着的坚持和追求。

2.2.4　文化意识

任何民族都有自己的文化精神,它对一个民族的一切文化领域和文化现象都具有普遍性意义,当然也会相应地在这个民族的产品上打上烙印。设计创造新的文化,文化作用于设计,又更新着文化。设计体现文化内涵和人文价值。从某种程度上看,设计本身就是一种文化现象。设计作品的风格、流派、形态、色彩、材料、结构等是反映文化的镜子。透过设计,能够看到蕴藏于其中的哲学思想。设计与文化越发明显地交融在一起,文化情调、文化功能、文化心理和文化精神共同构成新时代的设计之魂。深刻地把握民族文化精神与内涵,才能使得设计更具文化魅力。

2.2.5　生态意识

世界历史的城市化与工业化进程曾导致全球生态系统脆弱,尤其是发展中国家追求经济发展而过度开发对环境造成巨大的压力。景观项目在建设过程中和建成后必须做到尊重生态系统和促进生态系统恢复。因此,景观设计师应该具备生态意识和生态设计的意识与技巧,这是当代社会生态危机赋予景观设计师的责任。2012 年 11 月,党的十八大从新的历史起点出发,作出"大力推进生态文明建设"的战略决策。习近平总书记 2013 年在《在海南考察工作结束时的讲话》中提到:保护生态环境就是保护生产力,改善生态环境就是发展生产力。良好生态环境是最公平的公共产品,是最普惠的民生福祉。2018 年 5 月 18 日至 19日,习近平出席全国生态环境保护大会并发表重要讲话,他指出:绵延 5000 多年的中华文明孕育着丰富的生态文化。生态兴则文明兴,生态衰则文明衰。这要求我们在新的历史时期具有生态意识,理解生态文化的深刻内涵。

第 3 篇
景观效果图绘图员
核心软件技能

项目 3.1　景观效果图绘图员工作流程与核心软件认知

【项目描述】

景观设计师、景观设计师助理、景观效果图绘图员、景观施工员等职业是景观设计行业的主要岗位。景观效果图绘图员应对景观设计项目实务的实际流程、基本工作环境、典型工作任务和岗位核心软件具备清晰的认知。

【项目目标】

（1）了解景观设计项目实务的实际流程、基本工作环境、典型工作任务。

（2）熟悉与景观设计项目实务岗位相关的主要软件、景观效果图绘图员应掌握的核心软件。

3.1.1　任务一：景观效果图绘图员基本岗位环境与工作流程认知

按照"企业调研—明确岗位核心职责—确定岗位核心工作内容—形成典型工作任务—明确工作步骤—形成课程体系"的教材开发主体思路，通过行业调研可知：在通常情况下，相对系统、全面的项目设计方案流程如图 3.1-1 所示。

在这个工作流程中，景观效果图绘图员岗位的工作任务主要集中在环节 3~6，即运用 AutoCAD 或天正等园林建筑制图软件制作精确的景观方案平面布置图，运用 Photoshop 等图像处理软件制作景观彩色平面布局图，运用 SketchUp 等三维建模软件制作项目场景模型，通过专业渲染软件对模型场景进行渲染出图以及动画视频输出。在这些基本工作的基础上，最后制作完整的景观方案设计文本。这些环节的工作成果是向甲方进行汇报的主要内容。在这 4 个主要环节当中，将涉及核心的软件，主要包括 4 个组成部分：图像处理类软件（Photoshop、AI）、建筑及园林制图类软件（AutoCAD、天正）、三维建模软件（SketchUp、3Dmax）、专业渲染类软件（Lumion 及其他渲染插件）。在景观设计项目中，从业人员较普遍地使用三维建模软件 SketchUp、园林制图软件 AutoCAD、场景动画视频软件 Lumion 以及图像处理软件 Photoshop（图 3.1-2）。

　　SketchUp 和 3Dmax 是较常用的三维建模和效果图输出软件。Lumion 是一个实时的 3D 场景可视化工具,用来制作电影和静帧作品,它也可以传递现场演示,输出动画视频,实现优质的建筑可视化效果,涉及领域包括建筑及景观园林的规划与设计。AutoCAD 是一款经典的计算机辅助制图软件,用于二维图纸、详细绘制、设计文档和基本的三维设计,尤其专注于二维图纸的绘制,现已成为国际上广为流行的绘图工具,可以应用于土木建筑、室内装饰、工业制图、工程制图乃至电子工业、服装加工等多个领域。Adobe Photoshop 简称 PS,是由 Adobe Systems 开发和发行的图像处理软件。它的主要功能可分为图像编辑、图像合成、校色调色及功能色效制作等部分,可以用于效果图的后期处理。

　　以上涉及的软件内容是一名优秀的景观效果图绘图员在工作岗位上需要掌握的核心技能。

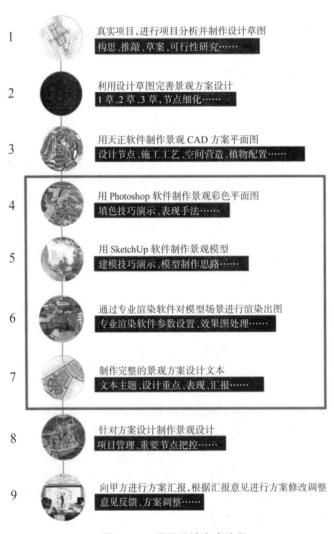

图 3.1-1　项目设计方案流程

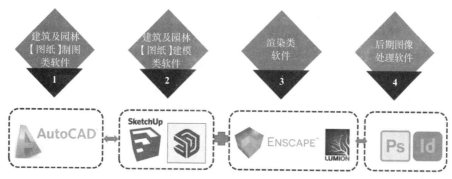

图 3.1-2　核心软件类型

3.1.2　任务二：效果图制作核心专业软件认知

本教材的编写以 SketchUp(含 SketchUp 插件)和 Lumion 两大软件为核心技能模块,兼顾 AutoCAD、Photoshop 等不同类型的辅助设计软件之间的协同合作。本篇的编排采取实训任务和项目化的方式,对实际工作岗位中经常遇到的任务及项目类型进行遴选分类,从高职学生的思维特点出发,增强应用性与实效性。以景观场景单体模型制作、别墅庭院模型制作、城市广场模型制作为主要项目类型,循序渐进地展开。

下面首先介绍 SketchUp 的基本特点和优势。

3.1.2.1　三维建模软件 SketchUp(简称 SU)认知

SketchUp 是目前建设领域的设计师使用最普遍的一款三维建模软件,广泛应用于建筑设计、规划设计、景观设计、室内设计等各个行业。SketchUp 是一种直接面向设计过程的空间设计和三维建模工具,其创作过程不仅能够充分表达设计师的思想,方便设计师在电脑上进行直观的构思,也完全能满足与客户进行即时交流的需要,是三维建筑及景观设计创作领域的优秀工具。

SketchUp 最初由 Last Software 公司开发,是一款极易掌握的三维设计软件。Sketch-Up 的使用界面非常简洁,操作命令简单,可以轻松地实现对三维模型的创建和修改。下面简要概括 SketchUp 的特点及优势,以方便学习者更好地了解、学习并熟练使用这款软件。

1)操作界面简洁,便于掌握

SketchUp 被誉为电子辅助设计中的"铅笔"工具,因为其界面简洁,操作命令简单,可以轻松地实现对三维模型的创建和修改。拿同样应用于三维建模的 3Dmax 作对比,3Dmax 的工作界面是 4 个视口同时显示(默认为正视图、左视图、俯视图、透视图),设计师使用时在一个视口中建模,在另外三个视口中观察模型的位置、形状和大小。四视口的显示模式会相应地增加计算机显示系统的负担,需要计算机具有较强的性能,以保证软件运行的稳定性;另一方面,四视口的界面模式使得人机交互的亲切感减弱,无形中削弱了用户尤其是初学者的入门体验。与之相反,SketchUp 的工作界面只有一个视口,操作界面简洁,分区合理,工具与命令不烦琐,用户非常容易上手。

2)应用领域广泛,建模功能实用而强大

SketchUp 最初应用于建筑设计,是目前建筑建模领域应用极为广泛的工具软件之一。由于它方便、简洁和实用,目前它已被推广应用于规划、建筑、园林与景观、室内、环艺及工业设计等多个领域。

SketchUp 虽然界面简洁、操作方便,却并不代表它的建模功能简单。相反,SketchUp 的建模功能具有很多优势。首先,SketchUp 的推拉功能非常方便,能够快速地满足基本建筑空间形体的塑造要求。SketchUp 中的 UP 工具是指垂直于面的上拉和下推功能,是本软件的关键功能之一,能够快速、准确地生成三维空间与几何形体。SketchUp 绘图类与编辑类工具结合,可完成大多数模型空间形体的绘制,满足基本的建模需要。其次,结合一些工具和插件,能够满足设计者的更多需求。SketchUp 以线、面、组(组件)三类图元信息来计算和组成整个模型场景,原理和逻辑非常清晰。另外,SketchUp 的建模效率很高,可以大大缩短建模时间。

3)日照效果和光影计算很精确

SketchUp 为用户提供了阴影面板,可以通过设定时间和日期为场景计算光影。软件自带的光影简洁、有效,计算也比较精确。

4)共享组件很丰富

SketchUp 作为建筑建模领域应用最广泛的工具软件之一,其最重要的改进是对建模环境(Modeling in Context)的优化,可以调用 Google Earth 中建筑周边的 3D 环境资源。这样既可以获得从 Google Earth 中调入的精确模型,又可以从 Google Earth 或者 3D 模型库里调入大量的模型素材供使用。2006 年 3 月,Google 公司收购了 Last Software 公司及其 3D 绘图软件产品 SketchUp,用户可以利用 SketchUp 创建 3D 模型并置入 Google Earth 中,使 Google Earth 呈现的地图更具有立体感、更接近真实世界,这使得 SketchUp 在城市规划与建模仿真、建筑设计与建模仿真、园林景观设计与建模仿真、城市三维导航等领域的应用得到极大的拓宽。

5)有利于设计者思维的展开,便于方案即时沟通交流

SketchUp 使建筑师从一开始即可以三维模式进行建筑方案草案的设计,使得建筑师对建筑体形的推敲非常充分。以往大量有三维扩展功能的软件主要的工作过程从平面布置入手,再进入建筑体量与空间。建筑信息模型的主要工具软件 Revit 的使用者需遵从固有的从平面到三维的软件基本工作构架,思考仍然基于从平面进入三维模式。设计师在方案创作中使用图板和 CAD 的繁重工作可以被 SketchUp 简洁、灵活的功能所简化。同时,SketchUp 有助于师生之间关于设计过程的教学交流,因此为设计教学提供了很大的便

利性。

　　SketchUp 直观而简约的操作使得业主与建筑师双方的沟通非常方便。设计师可以边操作边演示,向业主演示方案的生成过程,与业主讨论方案的可能性。另外,SketchUp 的工作空间中呈现的建筑三维形象清晰明了,可以通过即时的途径生成反映设计概念的立面效果图和内部剖视图。如果使用者的建筑建构概念清晰,可以在建筑方案设计阶段就进行较深入的空间组合、结构体系、表皮材料与构造等方面的推敲分析,这些推敲分析以三维透视图的形式进行,更加接近从人视的角度对建筑的体验结果。

　　然而,SketchUp 模型的基本构成元素是无厚度的三角形薄片,缺乏复杂的可编辑属性,在转入二维环境进行矢量化编辑时与工程制图的要求存在一定差距,与建筑信息模型(Building Information Modeling,BIM)的要求仍有较大差距,如要建立反映对象建筑空间的精确构件建构信息的建筑信息模型,则需要使用 Revit 等工具软件来实现。

3.1.2.2　三维可视化渲染软件 Lumion 认知

　　Lumion 是一个实时的 3D 可视化工具,用来制作电影和静帧作品,涉及的领域包括建筑规划、建筑设计、园林景观规划与设计等,它也可以传递现场演示。Lumion 的强大之处在于它能够提供品质优秀的图像,并将快速和高效工作流程结合在一起,为用户节省时间、精力和资金。Lumion 在建筑可视化效果方面的突出优势使它成为制作和输出优质的建筑、园林、景观方案场景动画及效果图的很好选择。

　　与 V-ray 等其他建模渲染软件相比,Lumion 的优点在于能够实时观察场景效果,出图品质高,水景及材质逼真,树木素材真实饱满,场景立体,设置有专业的环境特效,后期效果处理趋于照片级别。总体而言,其环境氛围感与大气环境效果更加突出。同时,这款软件自带中文版,相比于很多全英文界面的软件,更容易操作。

　　Lumion 的另一大特征是全新的夜间可视化渲染系统,比如它可以把天空转换成壮观的星空景象,辉映着淡淡的月光。该渲染引擎的另一个特色是改进了色调映射和屏幕空间环境光遮蔽,Act-3D 的演示场景效果看起来相当不错。另外,还引入了对动画路径曲线的支持。

3.1.3　任务三:效果图制作硬件配置认知

　　景观效果图绘图员的基本岗位环境与工作流程、景观设计项目实务涉及的典型工作任务以及核心软件技能均涉及电脑硬件环境配置。了解电脑硬件环境的基础配置是进行基本工作流程的前提。首先,需要熟知电脑主要内置的功能与参数;其次,需要了解专业软件的配置需求。

3.1.3.1　电脑的主要内置介绍

与景观效果图绘图员的基本工作任务联系紧密的主要电脑内置包括 CPU（中央处理器）、显卡、内存以及 CPU 散热器。

1 ）CPU

CPU 是电脑的核心，主要负责计算机系统的运行和运算。常用辅助设计类图像处理软件 PS（ Photoshop ）、AI（ Adobe illustrator ）、ID（ InDesign ）等主要依靠 CPU 运行。有时候使用者的电脑显卡配置不错，但在使用 Photoshop 时却很卡，原因在于 CPU 的性能与配置不匹配。常见 CPU 为 Intel 处理器，目前常见型号有 i3 、i5 、i7 、i9（ 基本规律是数字越大，性能越好，但也存在个别差异 ）。进行电脑硬件配置时，使用者应了解 CPU 梯度表，从而进行选择。

2 ）显卡

显卡主要负责显示信息，形成图像并输出到显示器上，是人机交互的重要组成部分。一些渲染类软件对显卡要求比较高，比如 Rhino、3Dmax、V-ray、Lumion 等软件。好的显卡能让使用者的工作事半功倍，快速达到效果。计算机硬件技术不断更新，2023 年最新的显卡 30 系列上市。电脑用户应首先注意集成显卡和独立显卡的区别，设计类用户推荐使用独立显卡。顾名思义，独立显卡在主板上有单独的显卡插槽，是独立出来的显卡，可安装、可拆卸；集成显卡是集成在主板上的显卡，使用的显存是系统的一部分内存，自身没有显存。目前，生产显卡的品牌方主要分为 NVIDIA 和 AMD。AMD 最受欢迎的优势是良好的超频性能和低廉的价格，这是它目前占有处理器市场份额的根本原因（图 3.1-3 ）。

3 ）内存

内存是数据的缓冲区，用于暂时存放 CPU 中的运算数据以及硬盘交换数据。用户在使用 Photoshop 软件时，通常需要更改和设置"暂存盘"选项，这一选项与电脑的内存相关。一般景观设计师的电脑内存建议不低于 8 GB。硬盘和内存是两个不同的概念，硬盘主要是存储文件大小的数量，建议配置组合：固态硬盘（ 速度快 ）+普通硬盘，固态硬盘容量应大于 250 GB。

4 ）CPU 散热器

CPU 散热器主要负责给工作中的 CPU 散热，以确保 CPU 稳定运行。在选择笔记本电脑时，笔记本电脑的厚度非常重要，往往关系到散热器的配置问题。笔记本过薄，散热器配置低，散热不充分，将无法使用好的硬件配置，或者即使装了好的硬件也达不到理想的使用效果。例如，大多数苹果笔记本产品属于办公本，相对适合平面设计类人员使用，但是对环境空间类专业而言，很多软件无法有效、高效运转。

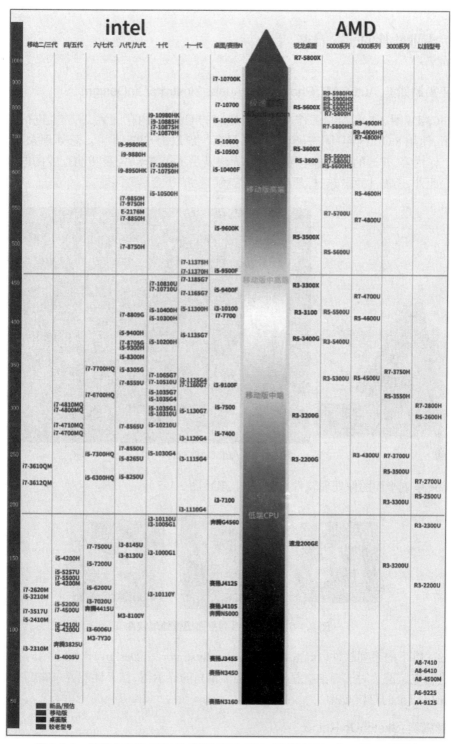

图 3.1-3　笔记本电脑 CPU 天梯图（移动桌面对比版）2021 年 2 月 7 日更新

注:左侧标尺为 CPU 综合性能值,排序不考虑内置的 CPU,相同型号如功耗和散热不同,性能会有较大差异

3.1.3.2　专业软件的配置需求

1）平面制图类：AutoCAD、Photoshop、Adobe illustrator、InDesign

AutoCAD（图 3.1-4）绘图工作主要考验电脑的 CPU 和内存配置，在较少进行三维制图的情况下，使用 8 GB 内存+固态硬盘+4 GB 显存、i5 以上 CPU 即可。若处理大图纸、复杂图形的工作内容，普通的笔记本电脑配置则无法满足工作需求，需要更高配置的电脑才可有效运行。此外，还需注意散热、标压/低压、固态硬盘、扩展接口等问题。

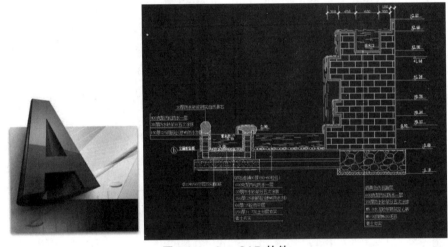

图 3.1-4　AutoCAD 软件

Adobe 系列平面图像处理软件有 PS、AI、ID（图 3.1-5）。

图 3.1-5　Adobe 系列平面图像处理软件

Adobe 旗下的系列软件（Photoshop、Adobe illustrator、InDesign）比较占用内存，建议使用者在进行电脑配置时选择独立显卡和分辨率较高的显示器，显卡性能要求略高一点，优先选择 2 GHz 以上的双核 CPU。

2）建模类：SketchUp Rhino

SketchUp（图 3.1-6）多年以来持续更新，优化情况一直不错。相对于其他建模软件，SketchUp 对 CPU 的要求并不高。若使用者处理纯建模的工作内容，一般主流的 CPU 配置即能基本满足要求。如果工作内容涉及场景渲染,需要使用 V-ray、Enscape 等渲染插件或者使用 Lumion 进行渲染,CPU 的配置要求便会提高。

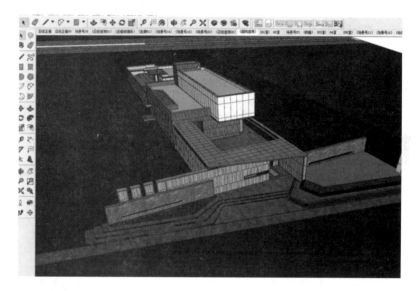

系统	64 位
处理器	2 GHz 以上
显卡	1 GB 显存,支持硬件加速;Intel 核心显卡不推荐;视频卡驱动程序支持 OpenGL 3.0 或更高版本
内存	8 GB 以上

图 3.1-6　ShetchUp 软件

Rhino6.0(图 3.1-7)对显卡性能的要求急速提高。越强大的显卡越能顺滑地显示复杂模型的各个细节,甚至消除复杂模型导致的滞后延迟。由于集成显卡不支持 OpenGL 运算,3D 性能很差,不建议使用 Rhino6.0,也可以利用显卡进行渲染加速。比如 Rhino6.0 新增的 Cycle 光线追踪渲染器就可以利用 GPU(图形处理器)加速,而 V-ray for Rhino 的功能旨在充分利用 NVIDIA 专有的 CUDA 核心加速功能。因此,专业显卡配置会使 Rhino6.0 的使用更加流畅。初级或入门用户选择中端的独立游戏显卡即可。对随机存取存储器(RAM)而言,日常建议 8 GB 起步,在此基础上根据具体条件和工作需求选择 32 GB 以及 64 GB。

系统	Windows 10,8.1,或 7 的 64 位
显卡	视频卡驱动程序支持 OpenGL 4.1
内存	8 GB 以上

图 3-1.7　Rhino6.0 软件

3）渲染类：Lumion

Lumion（图 3.1-8）的渲染体验在很大程度上取决于 GPU。除此之外，应注意的几项重要的配置为 CPU、RAM 和显存。以 Lumion8.0 为例，其最低系统配置为：硬盘空闲空间不低于 20 GB，显卡最低配置 2 000 点 PassMark，且配备 2 GB 及以上的显存，显卡需与 DirectX 11 或更高版本兼容，中央处理器数值为 3.0+GHz，运行内存在 8 GB 以上（以及高一点的 MHz 值），显示器的最低分辨率为 1 600 px × 1 080 px。

图 3.1-8　Lumion 软件

Lumion10 最低系统配置如下。CPU：CPUMark（i3-8100/R5-2600）。显卡：G3DMark 显存：3 GB（GTX1050Ti）。内存：16 GB。硬盘：SATA 固态硬盘并保留 30 GB 空间。Lumion10 官方推荐系统配置如下。CPU：CPUMark（i3-8100/R5-2600）。显卡：G3DMark。显存：

6 GB（RTX2060）。内存：16 GB。硬盘：NVMe M.2 固态硬盘并保留 30 GB 空间。

3.1.3.3　硬件配置建议

　　进行电脑硬件配置时，需综合考虑各项内容的参数与功能。下面以 2023 年上半年的市场产品为例进行配置推荐，依次为入门级用户配置（表 3.1-1）、新手用户配置（表 3.1-2）、普通用户配置（表 3.1-3）、中端进阶用户配置（表 3.1-4）、高端用户配置（表 3.1-5），以供读者参考。

表 3.1-1　入门级用户配置

类型	品牌型号	数量	价格（元）
CPU	AMD Ryzen7 5700X 8 核 16 线	1	1 759
主板	华硕 TUF GAMING B550M-E	1	
内存	光威（Gloway）32 GB（16 GB × 2）套装 DDR43200（32 GB）	1	439
显卡	七彩虹 ad OC RTX3060 12 g（12 GB）	1	2 599
电源	鑫谷额定 750 W GP850 G 全模爱国版电源	1	499
SSD（固态硬盘）	阿斯加特 AN2 极速版 512 GB SSD M.2	1	209
硬盘	西部数据 WD Blue 蓝盘 2 TB 5 400 转 256 MB SATA	1	379
散热	利民 Frozen Magic 240 冰封幻境	1	399
机箱	乔思伯 D40 银色 ATX 机箱	1	389
其他	利民（Thermalright）TL-C12C-S 黑色 argb 12 cm	3	88
基础够用，经济实惠，后续亦可拓展升级		合计	6 760

表 3.1-2　新手用户配置

类型	品牌型号	数量	价格（元）
CPU	INTEL i5-13 490F 10 核 16 线	1	2 249
主板	华硕 PRIME B760M-K D4	1	
内存	阿斯加特弗雷 32 GB（16 GB × 2）套装 DDR43200（64 GB）	1	938
显卡	索泰 AMP RTX3080ti 12G（12 GB）	1	4 899
电源	鑫谷额定 750 W GP850 G 全模爱国版电源	1	559
SSD	阿斯加特 AN2 极速版 512 GB SSD M.2	1	396
硬盘	希捷酷鱼台式机硬盘 4 TB 5 400 转 256 MB SATA	1	549
散热	利民 Frozen Magic EX 240 冰封幻境	1	419
机箱	乔思伯松果 D41 标准副屏版黑色 ATX 机箱	1	549
其他	乔思伯 ZF-120 ARGB 积木魔术风扇正向 × 1、反向 × 2	3	149
主流配置，可满足一般性工作内容的要求		合计	10 707

表 3.1-3　普通用户配置

类型	品牌型号	数量	价格(元)
CPU	INTEL i5-13 600KF　14 核 20 线	1	3 099
主板	微星 B760M MORTAR DDR4	1	
内存	阿斯加特女武神 32 GB(16 GB × 2)套装 DDR43600(64 GB)	1	1 318
显卡	微星万图师 GeForce RTX 4070 Ti(12 GB)	1	6 599
电源	鑫谷 GM850 W ATX3.0 电源	1	659
SSD	阿斯加特 Lite 1 TB SSD 固态硬盘 M.2 PCIe 4.0	1	396
硬盘	希捷酷鱼台式机硬盘 4 TB 5 400 转 256 MB SATA	1	549
散热	九州风神冰魔方 360 CPU 水冷散热器	1	669
机箱	乔思伯松果 D41 标准副屏版黑色 ATX 机箱	1	899
其他	玩嘉棱镜二代风扇 pwm 12 cm 正向 × 1、反向 × 3	3	160
性能强劲,可满足工作内容的要求		合计	14 348

表 3.1-4　中端进阶用户配置

类型	品牌型号	数量	价格(元)
CPU	INTEL i7-13 700F　16 核 24 线	1	4 199
主板	华硕 ROG B760-A WiFi D4 吹雪	1	
内存	阿斯加特博拉琪 32 GB(16 GB × 2)套装 DDR44000(64 GB)	1	1 658
显卡	映众 × 3 GeForce RTX4080(16 GB)	1	7 949
电源	鑫谷 GM1000 W ATX3.0 金牌全模组电源	1	781
SSD	西部数据 SN7702 TB SSD 固态硬盘 M.2 PCIe 4.0	1	999
硬盘	希捷酷鱼台式机硬盘 8 TB 5 400 转 256 MB SATA	1	1 199
散热	九州风神冰堡垒 360 CPU 水冷散热器	1	799
机箱	追风者 518XTG 流光银机箱	1	1 199
其他	瓦尔基里(VALKYRIE)X12 VK FDB 轴承 12 cm 机箱风扇	3	436
性能超强		合计	19 219

表 3.1-5　高端用户配置

类型	品牌型号	数量	价格(元)
CPU	INTEL i9-13 900KF　24 核 32 线	1	7 379
主板	华硕 ROG Z790-A GAMING WIFI	1	
内存	威刚 XPG 龙耀 64 GB(32 GB × 2)套装 DDR56000(128 GB)	1	3 758
显卡	耕升炫光 OC GeForce RTX4090(24 GB)	1	12 799
电源	鑫谷额定 1250 W 昆仑 KL-1250 G ATX3.0 电源	1	1 259

类型	品牌型号	数量	价格（元）
SSD	三星 980 PRO 2 TB SSD M.2 PCIe 4.0	1	1 399
硬盘	希捷酷鱼台式机硬盘 8 TB 5 400 转 256 MB SATA	1	1 899
散热	追风者冰灵 One360T30 v2 一体式 360 CPU 水冷散热器	1	1 899
机箱	酷冷至尊 C700M 银色全塔机箱电脑机箱台式机	1	2 899
其他	瓦尔基里（ VALKYRIE ）X12 VK FDB 轴承 12 cm 机箱风扇	1	436
	追风者（ PHANTEKS ）FL22 显卡竖装 pcie4.0 延长线	1	289
	联力霓彩线 3 代 24pin	1	489
性能超强，顶级配置		合计	34 505

项目 3.2　SketchUp 单体模型制作任务实训

【项目描述】

　　景观效果图绘图员在具体的工作岗位上和项目实务中的主体工作之一是针对景观方案内容进行不同类型景观单体的设计与建模。景观效果图绘图员应熟练运用核心三维建模软件高效地完成景观单体建模任务。

【项目目标】

　　（1）熟悉景观项目或景观方案中常见的不同类型景观单体模型的风格、材质、尺寸、造型特点。
　　（2）熟练运用核心三维建模软件 SketchUp 完成不同类型景观单体的建模任务。

3.2.1　任务一：景观单体——欧式花钵的设计与建模

【任务引入】

　　景观花钵是一类引人注目的园林小品。其具有造型优美、小巧玲珑、形态各异的外观特点，常常与花卉搭配，广泛地应用于居住区和其他城市公共空间当中。建成物应用的景观环境：欧式居住区、城市绿地公园。

【实景图片】

　　实景图片如图 3.2-1 所示。

图 3.2-1　景观花钵实景图片

【任务要求】

运用 SketchUp 完成如图 3.2-1 所示的景观花钵的建模任务。

> **绘图思路提示**:在绘图之前应先观察物体,根据物体的特征确定作图的基本步骤,思考物体造型所需的命令并选择合适的工具。根据本实训任务提供的图片,应将物体分为上、下两部分来建模——底座部分和花钵容器部分。这两部分用到的主要工具不同:底座部分主要运用"矩形"工具和"推拉"工具,花钵容器部分主要运用"弧线"工具(或者结合 AutoCAD 的"多段线"命令)和"路径跟随"工具。
>
> **【技能重点 1】**"矩形"工具+"偏移"工具+"推拉"工具。
>
> **【技能重点 2】**"弧线"工具("多段线"命令)+"路径跟随"工具。

【任务实施】

3.2.1.1　Step 1

启动 SketchUp,选择建筑毫米模板,进入工作界面。

3.2.1.2　Step 2

点击绘图类工具栏中的"矩形"工具 ■(快捷键"B");在绘图空间的任意位置单击鼠标左键,确定矩形的第一个顶点;向右下方拖动鼠标,通过键盘手动输入矩形的长、宽数值(400 mm,

400 mm），工作界面右下方的数值框将同步显示输入的数值，确认数值输入无误后按"Enter"键。此时绘图空间中出现根据数值创建的矩形，并默认在矩形内自然成面（图3.2-2）。

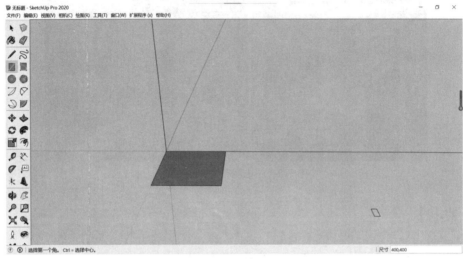

图 3.2-2　矩形绘制

3.2.1.3　Step 3

点击工具栏中的"推拉"工具 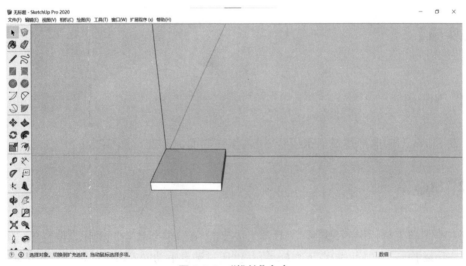（快捷键"U"），光标会变成与所选工具相一致的图标。移动图标靠近矩形，在"推拉"状态下图标会自动捕捉绘图空间中的面元素，靠近并点击要操作的矩形面对象，然后向上拖动鼠标。此时被选中的初始面会沿着鼠标的移动方向产生推拉的厚度，输入数值"50"并按"Enter"键，结束"推拉"命令。这时绘图空间中出现长度为 400 mm、宽度为 400 mm、厚度为 50 mm 的方形体块（图3.2-3）。

图 3.2-3　"推拉"命令

3.2.14　Step 4

　　点击工具栏中的"偏移"工具 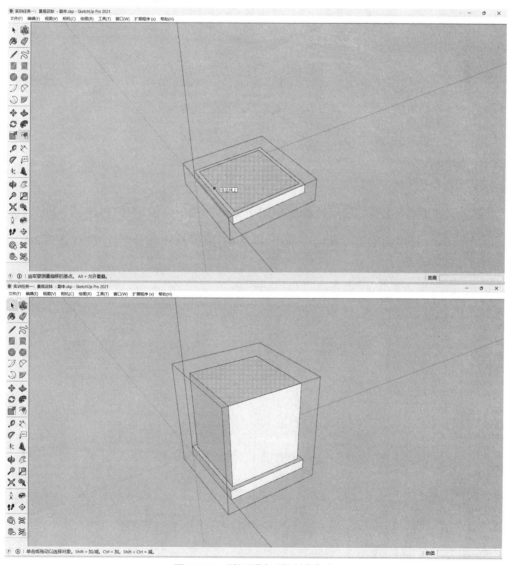（快捷键"O"），将光标移至绘图空间中方形体块上方的面，点击选择面并向内移动光标，随之产生了向内平均偏移的方形轮廓，输入数值"50"并按"Enter"键，结束"偏移"命令。绘图空间中生成了根据数值而平均向内偏移的方形轮廓，也随之产生了轮廓内的细分面。选中里面的矩形面，向内推拉 10 mm。然后对前后左右 4 个面进行相同的操作（图 3.2-4）。

图 3.2-4　"偏移"与"推拉"命令

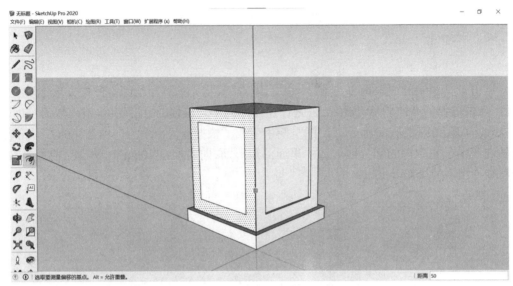

图 3.2-4 "偏移"与"推拉"命令

3.2.1.5 Step 5

再次运用"偏移"工具 ，点选绘图空间中方形体块上方的面，向内偏移 30 mm；选择"推拉"工具 ，将里面的方形面向上推拉 40 mm。此时底座部分创建完成（图 3.2-5），接下来创建花钵容器部分。

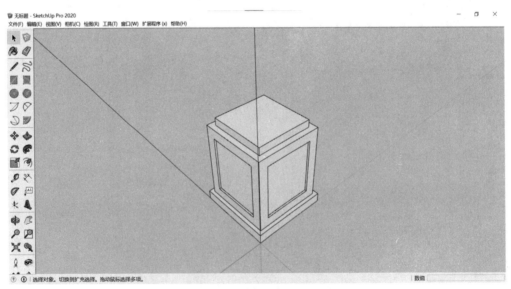

图 3.2-5 底座部分创建

3.2.1.6　Step 6

为了更好地绘制花钵的轮廓,运用 AutoCAD 软件的"多段线"命令(快捷键"PL")绘制曲线。打开 AutoCAD 软件,根据花钵的整体轮廓和尺寸比例绘制辅助线。选择左侧轮廓,按照由上到下或由下到上的顺序绘制(图 3.2-6~图 3.2-8)。

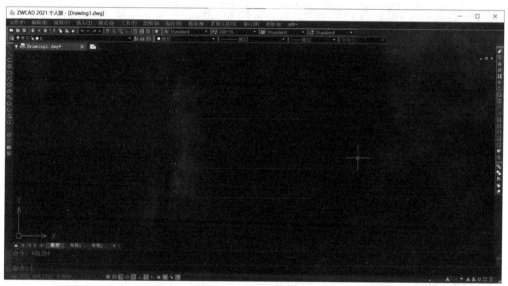

图 3.2-6　根据花钵的整体轮廓和尺寸比例绘制辅助线,可分为底足和容器两部分

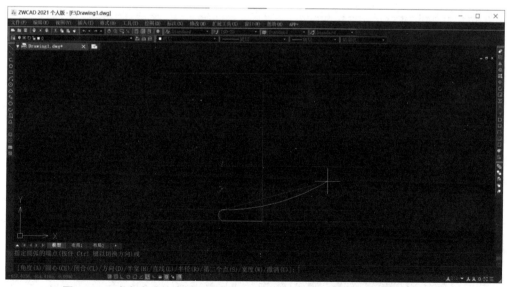

图 3.2-7　确定底足的半径位置,运用"多段线"命令从下至上绘制花钵的轮廓

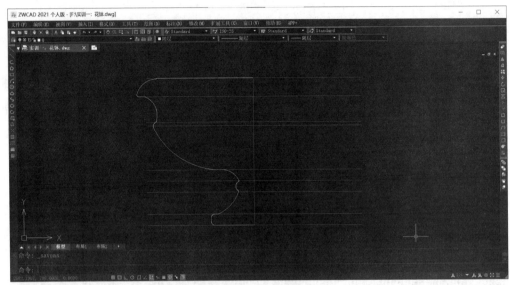

图 3.2-8　花钵的左侧轮廓完成

3.2.1.7　Step 7

　　绘制过程中的点都会成为多段线的控制点。绘制结束后可以通过鼠标选择控制点进行移动,调整图形,直至轮廓合适。半边轮廓绘制结束后,通过"镜像"命令即可得到花钵的整体轮廓(图 3.2-9)。结束 AutoCAD 的操作,将文件命名并保存。(注意:辅助线和轮廓线可放至不同的图层)

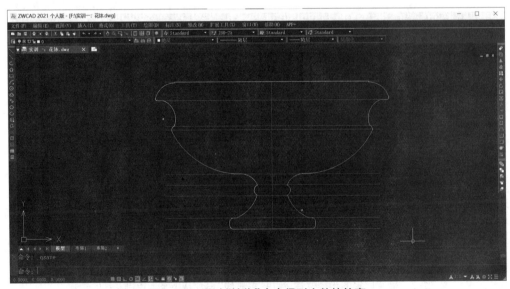

图 3.2-9　通过"镜像"命令得到完整的轮廓

　　知识链接: AutoCAD 软件的"多段线"命令可以在直线和曲线之间切换,所以一个"多段线"命令可以完成复杂多样的轮廓的绘制。另外,一条"多段线"是一个整体,"多段线"图形内的所有直线和曲线分线段都是整体对象的一部分,不会出现绘图对象琐碎的情况。

3.2.1.8　Step 8

切换至 SketchUp 工作界面,点击"文件"菜单中的"导入",弹出"导入"面板;点击右下角的小三角,在下拉列表中选择"AutoCAD 文件"格式,按照之前的保存路径选择绘制好的 AutoCAD 文件(图 3.2-10)。

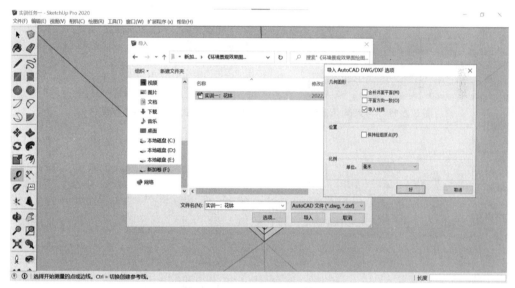

图 3.2-10　AutoCAD 文件导入

注意事项: 选定文件进行导入之前,一定要点击"导入"面板中的"选项"查看单位。在通常情况下,导入的 AutoCAD 文件的单位默认为"mm", SketchUp 文件选择的模板为"建筑-毫米"。要确认导入的 AutoCAD 文件与 SketchUp 文件单位一致。

3.2.1.9　Step 9

被选中的 AutoCAD 文件导入 SketchUp 模型空间后,会自动弹出导入图元信息面板,将其关闭即可。此时导入的 AutoCAD 图形会以组的形式出现在模型空间中(图 3.2-11)。使用"移动"工具 ✥ ,选择 AutoCAD 花钵轮廓底部的中心为起始点,将 AutoCAD 轮廓移动至方形底座顶面的中心点。用工具栏中的"旋转"工具 ⟳ 使其竖立(图 3.2-12)。

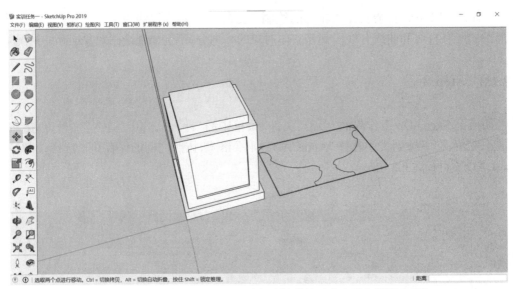

图 3.2-11 导入的 AutoCAD 图形会以"组"的形式出现在模型空间中

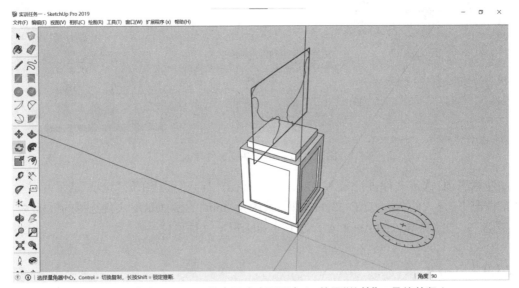

图 3.2-12 移动 AutoCAD 轮廓至底座顶面中心,并用"旋转"工具使其竖立

3.2.1.10 Step 10

双击导入的 AutoCAD 图形组,进入组内。使用"铅笔"工具 ✐ (快捷键"L")将花钵的半边轮廓连接成面(图 3.2-13)。选择左侧的轮廓线,用"偏移"工具偏移厚度 20 mm(图 3.2-14)。整理轮廓面,删掉多余的部分,作为下一步"路径跟随"命令的截面。

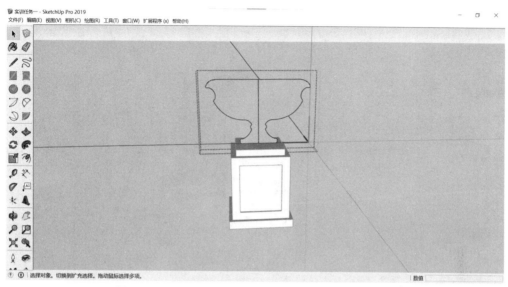

图 3.2-13　使用"铅笔"工具将花钵的半边轮廓连接成面

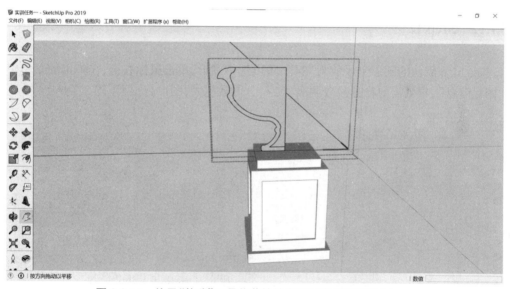

图 3.2-14　使用"偏移"工具将花钵的半边轮廓偏移厚度 20 mm

3.2.1.11　Step 11

点击"圆形"工具 ![圆形图标]（快捷键"C"），将光标移至模型空间,以花钵半边轮廓的右下方角点为圆心,以蓝色圆盘为绘图面,捕捉底部半径的另一个端点,形成圆的半径,绘制圆形（图 3.2-15）。

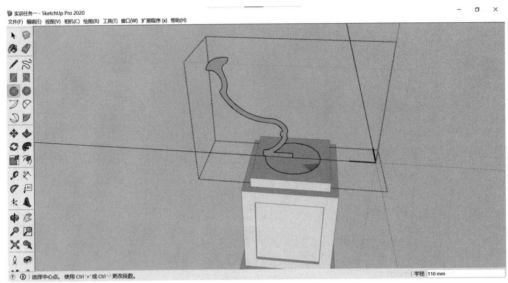

图 3.2-15　圆形绘制

3.2.1.12　Step 12

SketchUp 默认的圆形分段数为"24",可以选中圆形,单击鼠标右键,在弹出的菜单中点击"图元信息",根据需要将分段数调至"32",分段数越大,图形越圆滑(图 3.2-16)。

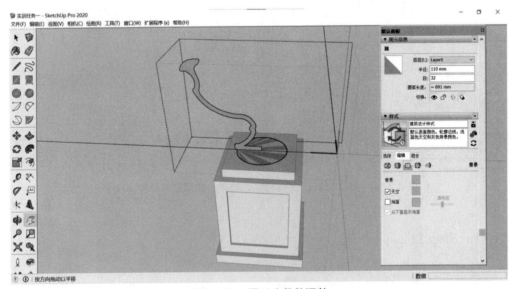

图 3.2-16　圆形分段数调整

3.2.1.13　Step 13

点击刚刚绘制完成的圆形,将其作为"路径跟随"命令的路径元素,再点击"路径跟随"工具 ,将光标移至花钵轮廓截面,自动捕捉并点击截面。此时 SketchUp 会自动进行计算,3~4 s 后,绘图空间中会根据路径和截面生成新物体。由于分段数较大,生成的物体表面存在细分的线段。选择花钵容器部分,单击鼠标右键,在弹出的菜单中点击"柔化边线",使模型呈现圆滑的表面(图 3.2-17)。花钵容器部分创建完成(图 3.2-18)。

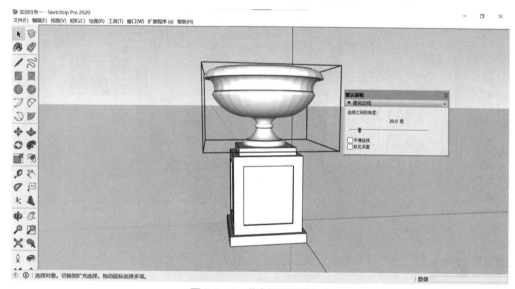

图 3.2-17　"路径跟随"命令

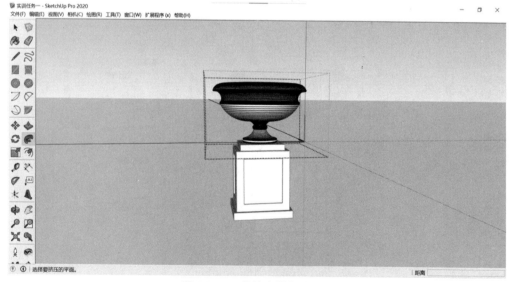

图 3.2-18　花钵容器部分创建

3.2.1.14　Step 14

点击"材质/油漆桶"工具 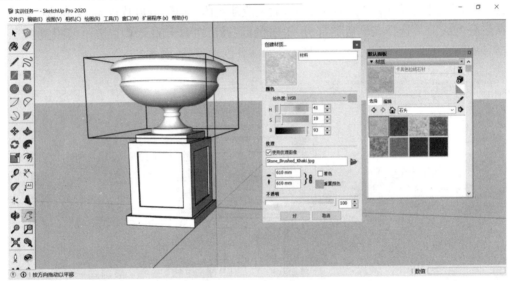（快捷键"X"），打开"创建材质"面板，选择 SketchUp 自带材质库中的石材贴图，赋予模型简单的材质（图 3.2-19）。

图 3.2-19　材质选取

3.2.1.15　Step 15

景观花钵的模型制作完成（图 3.2-20）。

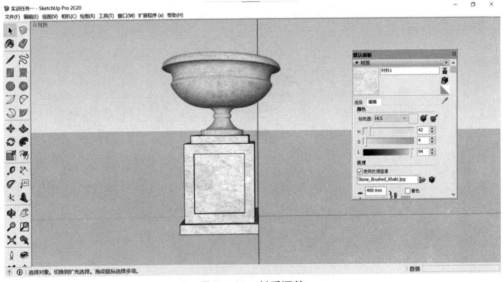

图 3.2-20　材质调整

3.2.1.16　Step 16

在花钵的顶部添加花卉模型。通过"相机"菜单将视图调成"平行投影"，并选择"前视图"模式（图 3.2-21）。

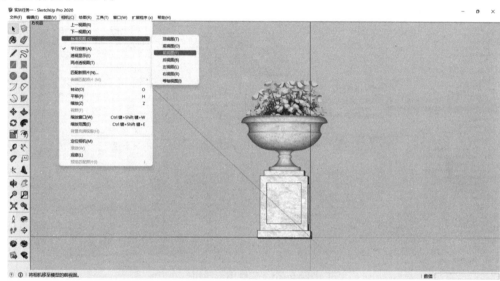

图 3.2-21　相机视图调整

3.2.1.17　Step 17

通过"窗口"菜单调出"阴影"面板。通过用鼠标点击滑块调节日期、时间及光影强度（图 3.2-22）。

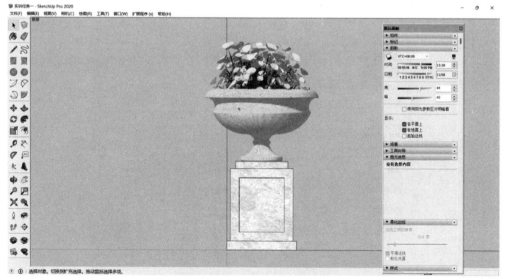

图 3.2-22　"阴影"面板调整

3.2.1.18　Step 18

通过"文件"菜单导出二维图形（图 3.2-23）。

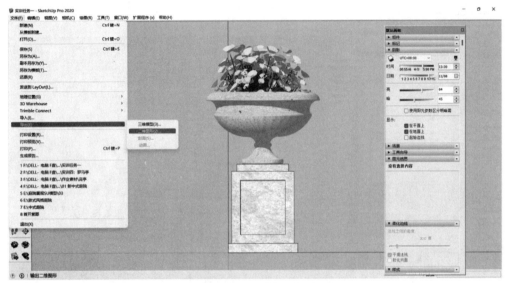

图 3.2-23　二维图形导出

3.2.1.19　Step 19

调出"输出选项"面板。取消勾选"使用视图大小"，调整图像输出像素，通常单体或小型模型的宽度像素设置为 3 000 px 即可（图 3.2-24）。导出并保存立面效果图。

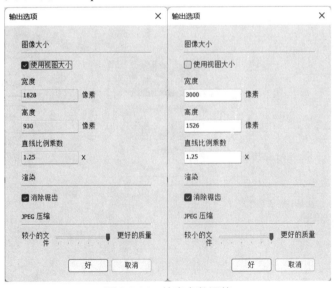

图 3.2-24　输出参数调整

3.2.1.20   Step 20

景观花钵的模型制作完成（图 3.2-25）。

图 3.2-25   景观花钵立面效果图

◉   **任务与技能迁移：**
①用同样的方法创建如图 3.2-26 所示的花钵。
②是否可以运用"路径跟随"命令创建很多不规则物体？能创建哪些景观模型和景观细节呢？

图 3.2-26   技能迁移

3.2.2　任务二:景观单体——方形花架的设计与建模

【任务引入】

景观花架是园林场景中非常重要的一类景观构筑物。它既具有造型别致的外观形态,又具有非常实用的功能。建成物应用的景观环境:居住区、城市公共绿地。

【实景图片】

实景图片如图 3.2-27 所示。

图 3.2-27　方形花架实景图片

【任务要求】

运用 SketchUp 完成如图 3.2-27 所示的方形花架的建模任务。

> 　　**绘图思路提示:**绘图之前应先观察物体,根据物体的特征确定作图的基本步骤,思考物体造型所需的命令并选择合适的工具。根据本实训任务提供的图片,应将物体分为上、下两部分来建模——柱体部分和木质顶部。这两部分用到的主要工具不同:柱身部分主要运用"矩形""轮廓"和"推拉"工具,木质顶部主要运用"推拉"和"移动"工具。
> 　　**【技能重点 1】**"矩形"工具+"轮廓"工具+"推拉"工具。
> 　　**【技能重点 2】**"Ctrl"+"M"移动复制命令。

【任务实施】

3.2.2.1　Step 1

启动 SketchUp,选择建筑毫米模板,进入工作界面。

3.2.2.2　Step 2

根据花架的实物效果和尺寸比例,使用 AutoCAD 软件绘制花架的平面图和立面图(图 3.2-28)。将文件命名并保存(见配套资源)。

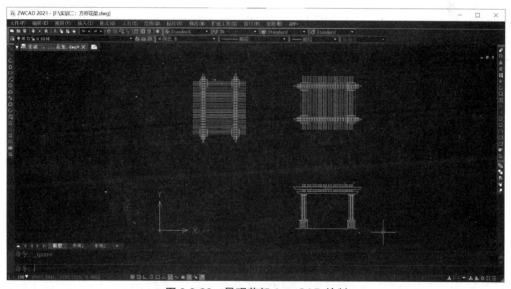

图 3.2-28　景观花架 AutoCAD 绘制

3.2.2.3　Step 3

打开 SketchUp 界面,选择"文件"菜单里的"导入"功能,在"导入"面板中选择"Auto-CAD"格式,找到已保存的方形花架 AutoCAD 文件,点击"选项"按钮,查看导入文件的单位是否与 SketchUp 模型文件的单位统一,确认无误后点击"导入"。方形花架 AutoCAD 文件以组的形式导入 SketchUp 模型空间中(图 3.2-29)。

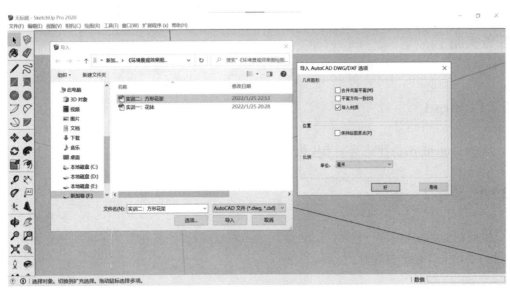

图 3.2-29　AutoCAD 文件导入

3.2.2.4　Step 4

将导入的图形按平面图和立面图分组,用"旋转"工具使立面图竖立(图 3.2-30)。

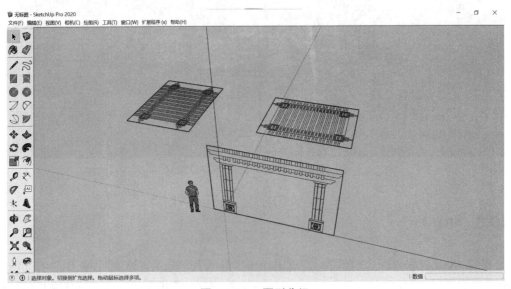

图 3.2-30　图形分组

3.2.2.5　Step 5

根据立面图组的数据信息和参照点创建一个尺寸为(610 mm,610 mm)的矩形,双击矩形面成组,接下来将在这个矩形面的基础上创建花架的重要元素——柱体。观察发现柱体从下到上分为柱墩、柱身和柱头三部分,按照这个顺序从下到上建模。推拉与偏移可以通过直接捕捉立面图组中的关键端点实现(图 3.2-31)。

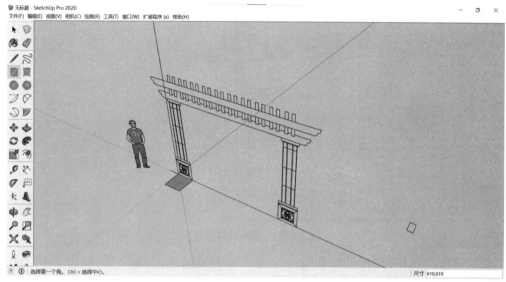

图 3.2-31　矩形绘制

3.2.2.6　Step 6

推拉出柱墩的高度,并在 4 个方向上通过"偏移"工具偏移出柱墩的形状(图 3.2-32)。选中立面图组中的装饰纹样并创建成组,复制到柱墩的 4 个面上,即完成柱墩的创建(图 3.2-33)。

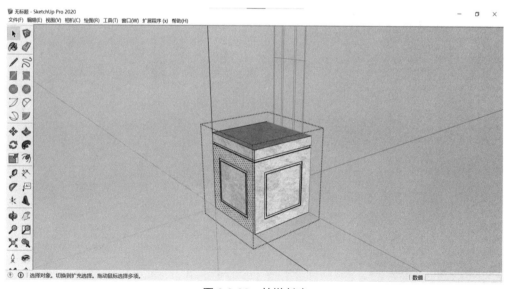

图 3.2-32　柱墩创建

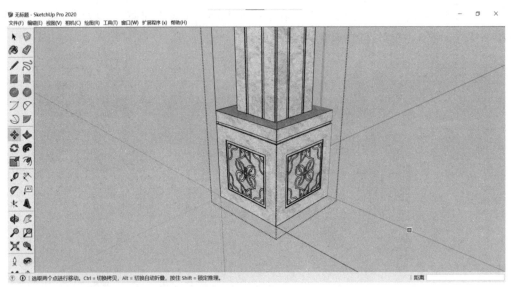

图 3.2-33　装饰纹样复制

知识链接："选择"工具 （快捷键"空格"）的使用方法（包括点选、框选、加选、减选、正选、反选）。

3.2.2.7　Step 7

用"偏移"工具在柱墩的顶面偏移出柱身的方形面积，用"推拉"工具推拉出柱身的高度。偏移和推拉时捕捉立面图组中的相应端点，无须输入尺寸即可得到精准的对位，非常便捷（图 3.2-34 ）。

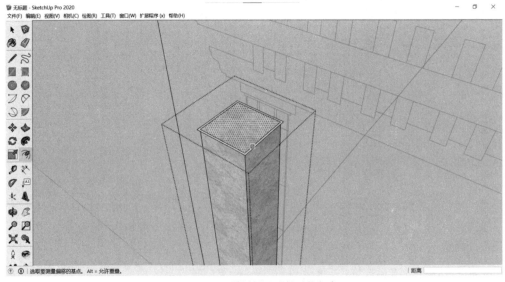

图 3.2-34　"推拉"和"偏移"命令

3.2.2.8　Step 8

用同样的方法创建柱头（图 3.2-35）。

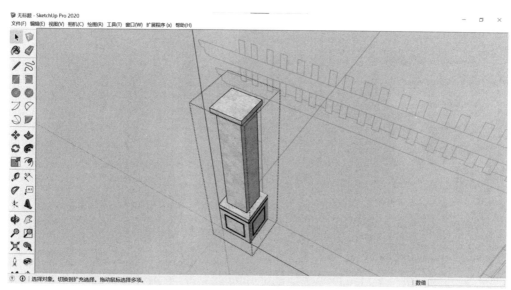

图 3.2-35　柱头创建

3.2.2.9　Step 9

根据立面图组中的位置和距离绘制出柱身的分割线,并用"推拉"工具创建柱身上的凹槽,凹槽深度为"5"。如果推拉深度相同,连续双击鼠标左键即可（图 3.2-36）。

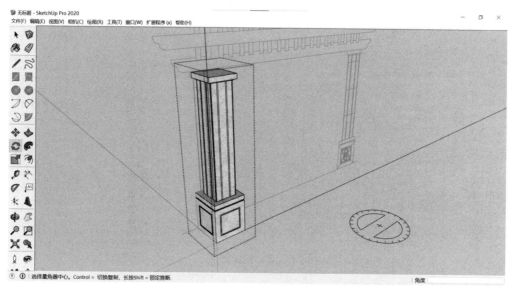

图 3.2-36　柱身凹槽创建

3.2.2.10　Step 10

选择柱身底部横向的一圈线,以 600 mm 的间距复制出垂直方向的分割线(图 3.2-37)。柱身部分完成,花架的整个柱体部分也完成了。

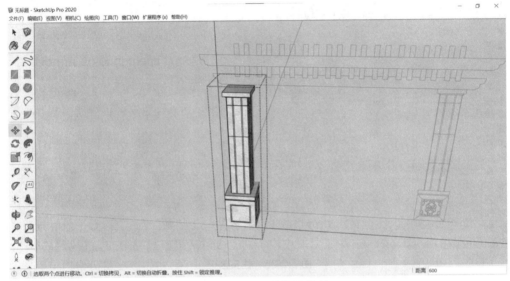

图 3.2-37　柱身装饰线绘制

为方便后期调整,可以把整个柱体部分设置成组件(图 3.2-38)。

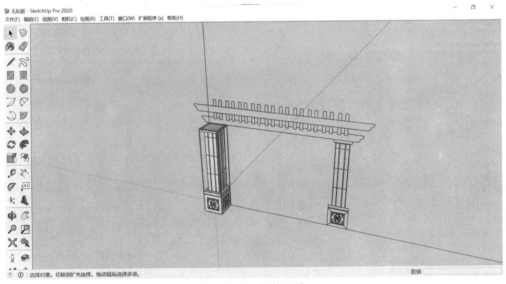

图 3.2-38　柱体组件

知识链接:组和组件的区别。

3.2.2.11　Step 11

选择柱体组件,运用"移动"工具移动至平面图组的对应位置,并按照相应位置复制出 4 个柱体(图 3.2-39)。

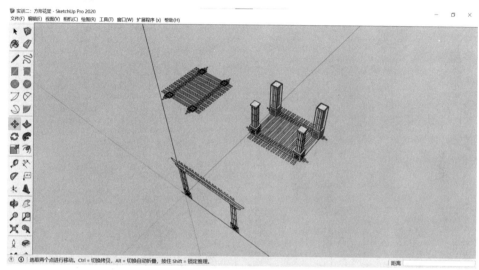

图 3.2-39　柱体复制陈列

知识链接:先选中物体,再选择"移动"工具,然后按"Ctrl"键,即可实现移动复制。

3.2.2.12　Step 12

选择平面图组,将其垂直移至柱体的顶部,以方便下面进行顶部木构件的建模(图 3.2-40)。接下来创建顶部的木构架。

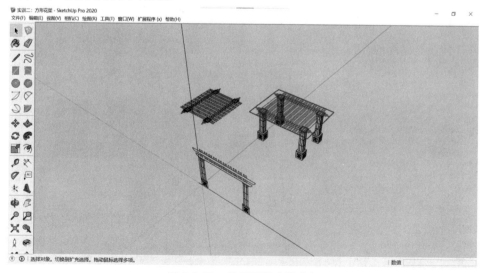

图 3.2-40　花架顶部建模准备

3.2.2.13　Step 13

双击立面图组,用"选择"工具选取其中的一个构件图形,用"铅笔"工具连线成面并设置成组(图 3.2-41)。

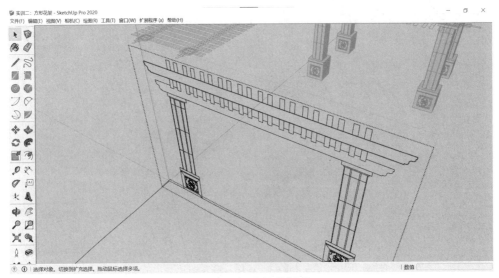

图 3.2-41　木构件创建

3.2.2.14　Step 14

将这个构件移动至已经创建好的柱体顶端的相应位置,按照平面图组的位置放置好。赋予这个构件木纹材质(图 3.2-42),并按照 AutoCAD 图形的数据推拉出厚度(图 3.2-43)。

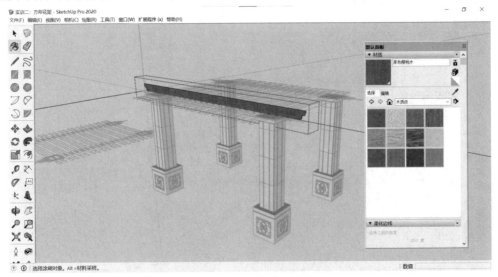

图 3.2-42　木纹贴图材质

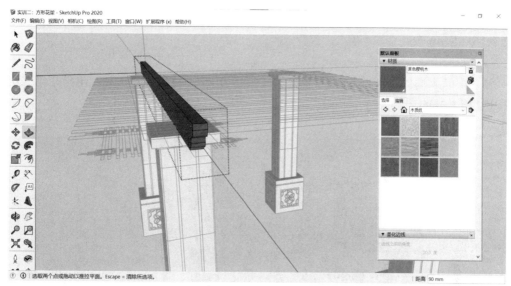

图 3.2-43　"推拉"命令

3.2.2.15　Step 15

　　将另一个相同的木构件通过移动复制的方法复制出构件并放置在相应的位置上。此时完成了第一层木构件的创建。

　　然后用"旋转"复制的方法（先选中物体，再选择"旋转"工具，然后按"Ctrl"键）创建第二层木构件（图 3.2-44 ）。

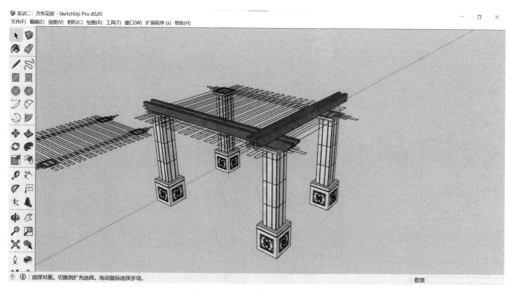

图 3.2-44　木构件对位放置

3.2.2.16　Step 16

第二层的木构件2个为一组,布置好第一组后,用移动复制的方法复制出整个第二层的木构件(图3.2-45)。

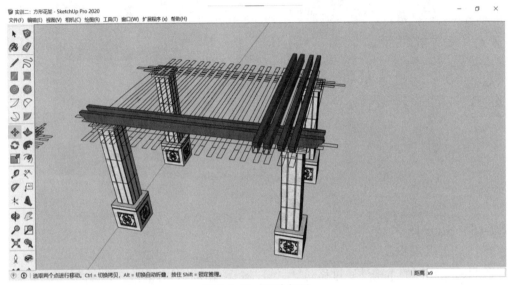

图 3.2-45　移动复制

知识链接:以相同的间距一次性移动复制出多个元素的方法:先选择第一组构件,再选择"移动"工具(快捷键"M"),然后按"Ctrl"键,根据 AutoCAD 图形组中两组之间的间距复制出第二组,最输入"X组数"(本案例为"X9"),一次性移动复制出所有第二层的木构件(图3.2-46)。

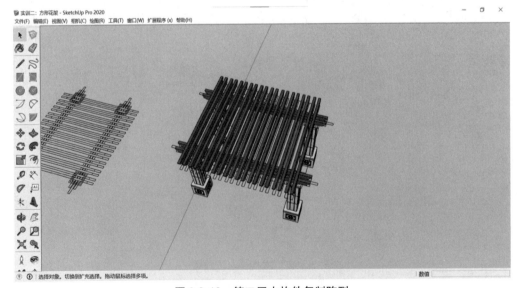

图 3.2-46　第二层木构件复制陈列

3.2.2.17　Step 17

用同样的方法复制出第三层木构件,并垂直移动到相应的位置(图 3.2-47)。

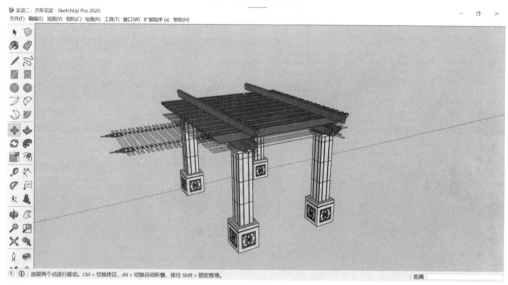

图 3.2-47　第三层木构件创建

3.2.2.18　Step 18

整体选择第二层木构件,移动复制出第四层木构件,移动至相应的位置(图 3.2-48)。四层木构件是相互叠加的关系。

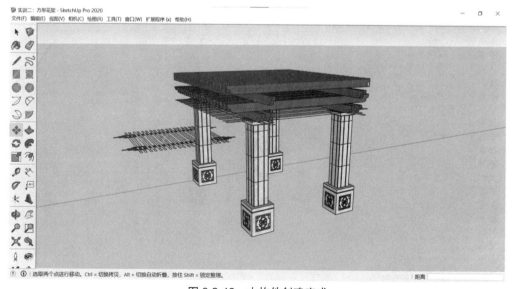

图 3.2-48　木构件创建完成

3.2.2.19　Step 19

选择平面图组,单击鼠标右键,在弹出的菜单中点击"隐藏"(快捷键"Alt"+"H")(图 3.2-49)。

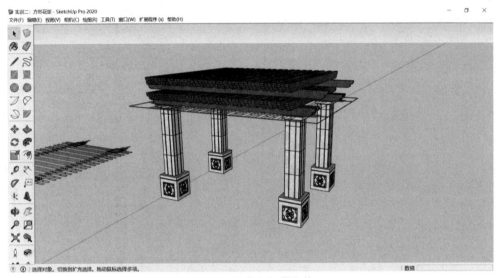

图 3.2-49　整理场景物体

知识链接:"隐藏"的使用方法。

3.2.2.20　Step 20

花架的主体部分建模完成(图 3.2-50)。

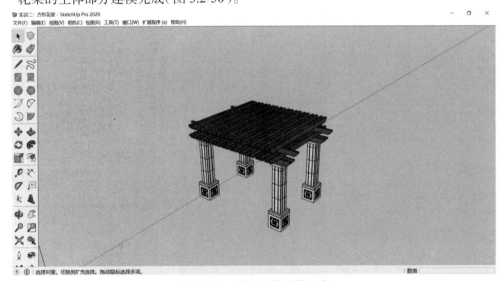

图 3.2-50　花架主体建模完成

3.2.2.21　Step 21

运用"铅笔"工具 ✏ 简单绘制花架底部的地面轮廓,包括台阶、铺装线和花坛等元素,并赋予简单的材质(图 3.2-51)。

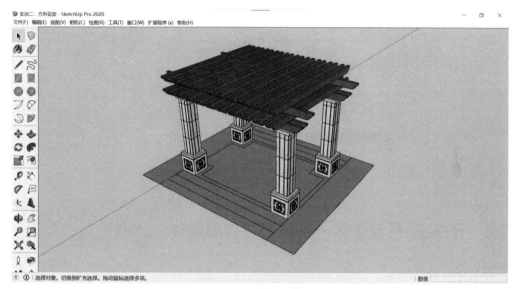

图 3.2-51　地面元素绘制

3.2.2.22　Step 22

方形花架的模型制作完成(图 3.2-52)。

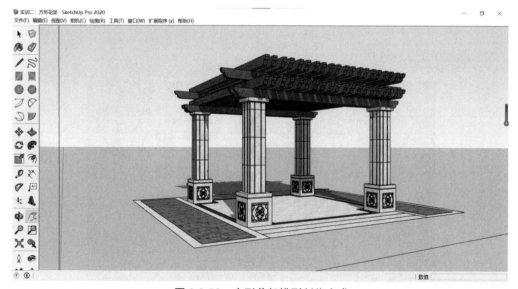

图 3.2-52　方形花架模型制作完成

3.2.2.23　Step 23

通过"阴影"面板(快捷键"Alt"+"S")设置光影,通过"文件"菜单导出二维图形。完成方形花架的成角透视效果图(图 3.2-53)。

图 3.2-53　方形花架成角透视效果图

3.2.3　任务三:景观单体——弧形花架的设计与建模

【任务引入】

景观花架是园林场景中非常重要的一类景观构筑物。它既具有造型别致的外观形态,又具有休憩和休闲的实用功能。建成物应用的景观环境:居住区、城市绿地、城市公园。

【实景图片】

实景图片如图 3.2-54 所示。

图 3.2-54　弧形花架实景图片

【任务要求】

运用 SketchUp 完成如图 3.2-54 所示的弧形花架的建模任务。

> 　　**绘图思路提示**:与前面的方形花架有所不同,本实训任务提供的是弧形花架,主要区别在于:平面的造型和布局不再是方形或矩形,而是弧形和扇形。绘制时需要对弧线、圆形、扇形等图形熟练掌握,熟悉"旋转"及旋转复制命令。
> 　　**【技能重点 1】**"圆形"工具+"偏移"工具。
> 　　**【技能重点 2】**"Ctrl"+"R"旋转复制命令。

【任务实施】

3.2.3.1　Step 1

启动 SketchUp,选择建筑毫米模板,进入工作界面。

3.2.3.2　Step 2

选择"圆形"工具 ⬤,以坐标轴原点为圆心,设置半径为 3 000 mm 的圆形。单击鼠标右键,在弹出的菜单中选择"图元信息",修改分段数为"52"(图 3.2-55)。

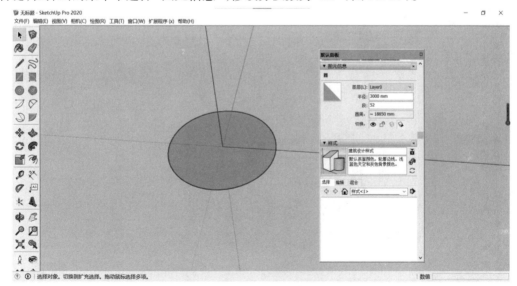

图 3.2-55　圆形绘制

3.2.3.3　Step 3

选择圆形,使用"偏移"工具 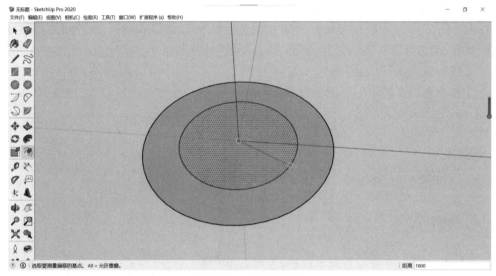 向外偏移 1 800 mm,确定弧形花架的基本宽度(图 3.2-56)。

图 3.2-56　"偏移"命令

3.2.3.4　Step 4

使用"铅笔"工具 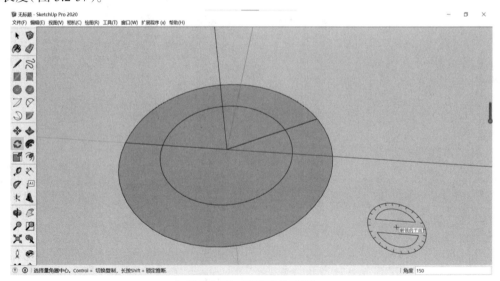 画出半径,并用"旋转"工具 将其旋转 150°,确定弧形花架的基本长度(图 3.2-57)。

图 3.2-57　确定角度范围

知识链接: "旋转"工具的用法。

3.2.3.5 Step 5

下面开始创建弧形花架的基本组件——柱体。使用"矩形"工具 ，输入数据(150 mm，150 mm)，画出弧形花架柱墩的基本矩形形状，并设置成组或组件(图 3.2-58)。

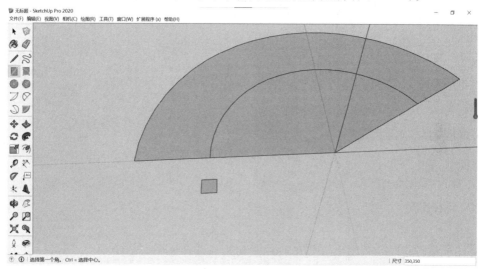

图 3.2-58　矩形绘制

3.2.3.6 Step 6

在雏形矩形组件的基础上，依次使用"推拉"和"偏移"工具创建出柱墩的主体部分，并赋予石材和木材的材质(图 3.2-59、图 3.2-60)。

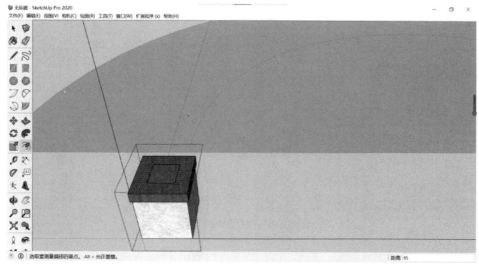

图 3.2-59　柱墩创建

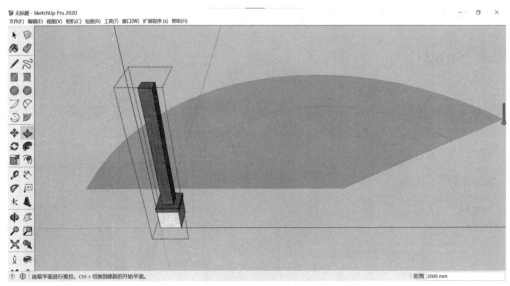

图 3.2-60 柱身创建

3.2.3.7 Step 7

将柱子组件移动至弧形上。移动时注意初始点选择柱子底部的中心点,目标点选择弧线的端点位置。然后移动复制出前后对应的另一个柱子,二者成一组,确保对位准确(图3.2-61)。

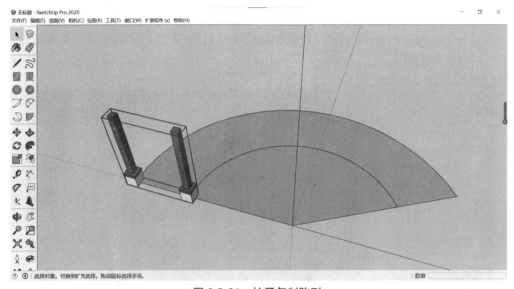

图 3.2-61 柱子复制陈列

3.2.3.8　Step 8

选择第一组柱子,使用"旋转"工具 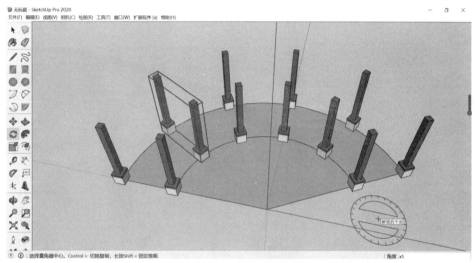,以弧形的圆心(坐标轴原点)为旋转的起始点,旋转角度为 30°,接着输入"x4"。这样就完成了柱子的等间距对位陈列(图 3.2-62)。

图 3.2-62　柱子旋转复制

知识链接:"旋转复制"的用法。

3.2.3.9　Step 9

将地面的弧线垂直移动至柱子顶部,移动距离为 2 420 mm(图 3.2-63),为下一步创建顶部的弧形木质圈梁做好准备。

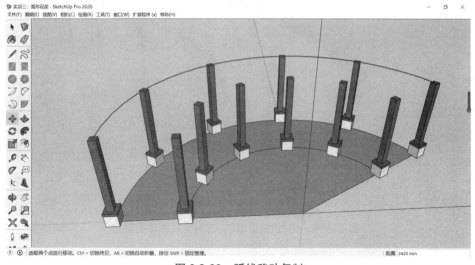

图 3.2-63　弧线移动复制

3.2.3.10 Step 10

在垂直方向上画出倒"凸"字形截面,以弧线作为路径,同时选中二者设置成组(图3.2-64)。在组内先选中弧线路径,再选择"路径跟随"工具,获取截面,生成木质圈梁(图3.2-65)。向下移动至合适的位置(图3.2-66)。

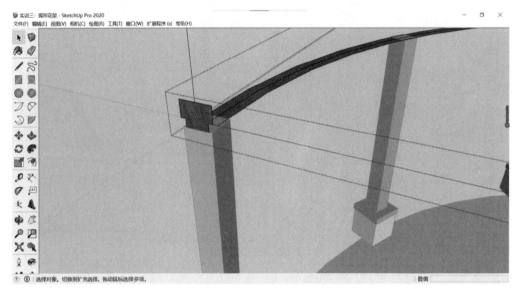

图 3.2-64 倒"凸"字形截面绘制

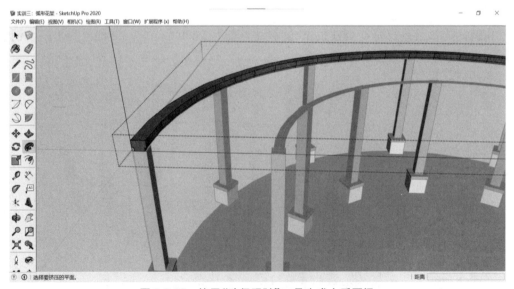

图 3.2-65 使用"路径跟随"工具生成木质圈梁

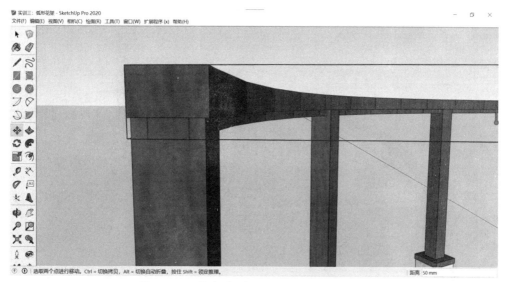

图 3.2-66　将木质圈梁向下移动至合适的位置

知识链接:"路径跟随"工具的用法。

3.2.3.11　Step 11

用同样的方法创建出另一个圈梁(图 3.2-67)。

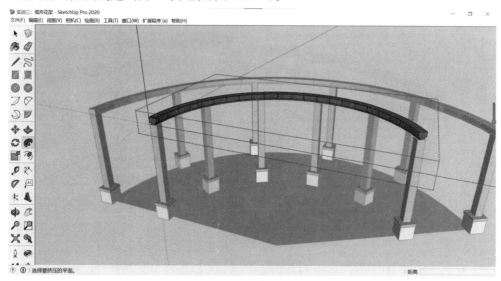

图 3.2-67　圈梁创建

3.2.3.12　Step 12

选择圈梁下方的弧形,向下移动 300 mm。偏移出 100 mm 的宽度,创建下方的弧形构件(图 3.2-68)。

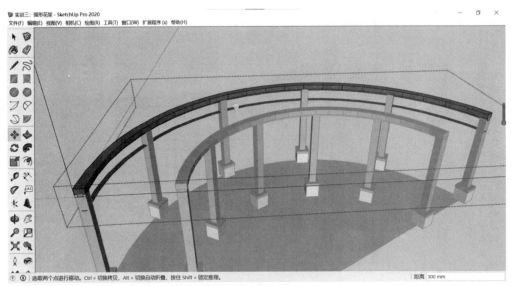

图 3.2-68　弧形构件创建

3.2.3.13　Step 13

选择地面上弧形面积左侧直线,垂直向上移动至圈梁的顶部(图 3.2-69)。

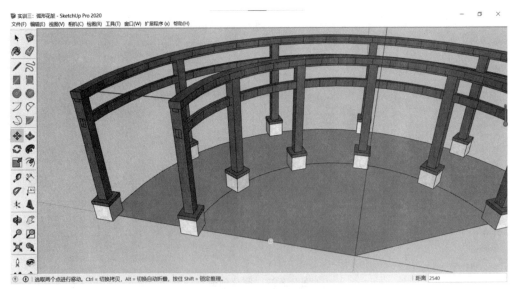

图 3.2-69　移动对位

3.2.3.14　Step 14

在此基础上绘制出顶部木构件的基本形状,推拉出厚度,设置成组或组件(快捷键"W")(图 3.2-70)。

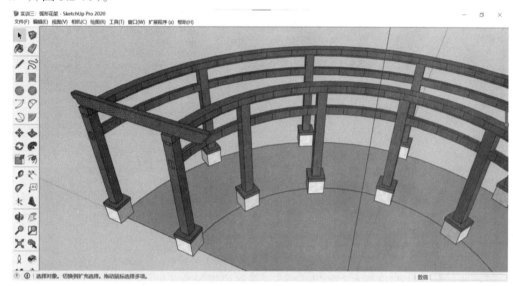

图 3.2-70　顶部木构件创建

3.2.3.15　Step 15

旋转复制顶部木构件,旋转角度为 5°,然后输入"x29"(图 3.2-71)。这样就完成了顶部木构件的创建,数量为 30 个,间隔角度为 5°(图 3.2-72)。

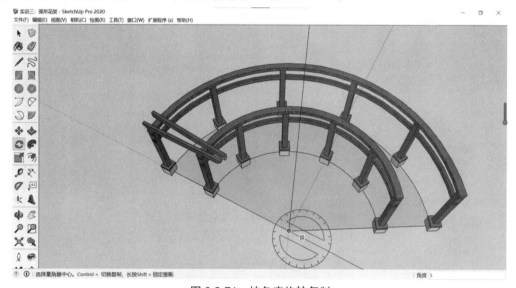

图 3.2-71　按角度旋转复制

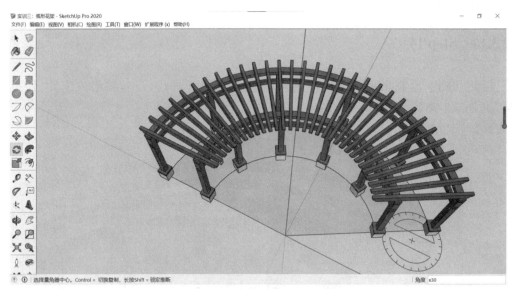

图 3.2-72　顶部木构件创建完成

3.2.3.16　Step 16

弧形花架的主体部分基本创建完成,接下来创建靠近地面的弧形座椅。选择弧形线条,偏移宽度 80 mm,推拉厚度为 100 mm,创建出弧形座椅的承重构件(图 3.2-73)。

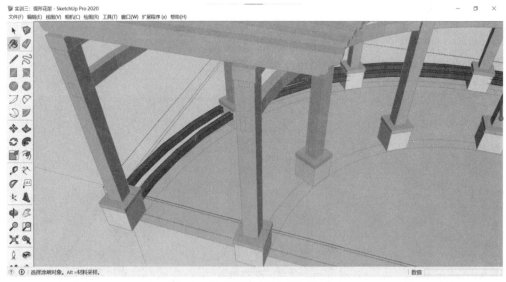

图 3.2-73　弧形座椅承重构件创建

3.2.3.17　Step 17

创建矩形截面尺寸为 380 mm、80 mm,厚度为 30 mm 的木条(图 3.2-74)。

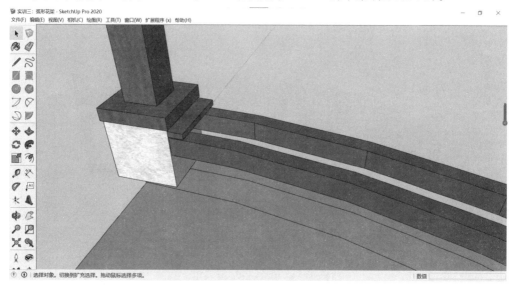

图 3.2-74　弧形座椅木条创建

3.2.3.18　Step 18

使用"旋转"工具,复制出两组柱子之间的座椅木条。选中座椅木条并设置成组,继续使用"旋转"工具复制出另外 4 组。这样弧形花架的座椅部分也创建完成了(图 3.2-75)。

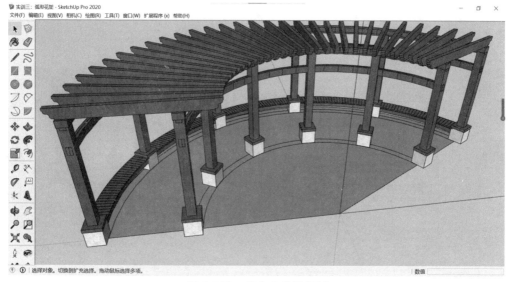

图 3.2-75　按角度旋转复制

3.2.3.19　Step 19

将弧形花架的地面稍事整理,赋予材质(图 3.2-76)。

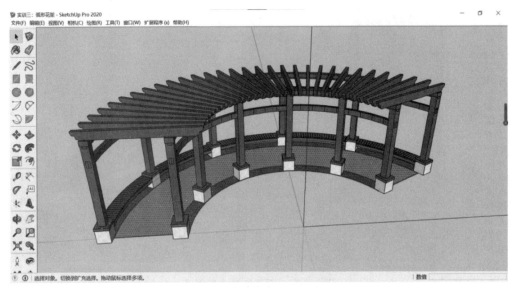

图 3.2-76　赋予贴图材质

3.2.3.20　Step 20

弧形花架的模型制作完成(图 3.2-77)。

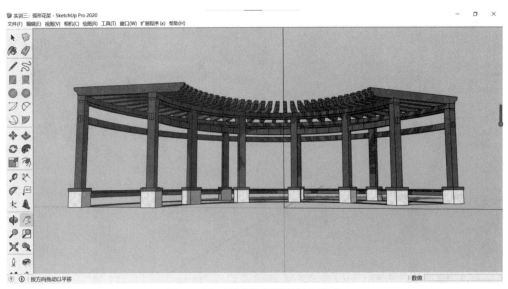

图 3.2-77　弧形花架模型制作完成

3.2.3.21　Step 21

打开"视图"菜单,依次选择"平行投影""正视图",导出弧形花架的正立面效果图(图 3.2-78)。

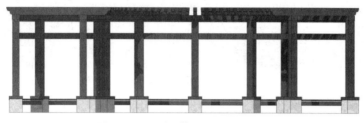

图 3.2-78　弧形花架正立面效果图

> ■　任务与技能迁移:
> ①用同样的方法创建弧形花架 2。
> ②是否可以运用"旋转复制"命令创建其他扇形物体? 能创建哪些景观模型和景观细节呢?

3.2.4　任务四:景观单体——罗马亭的设计与建模

【任务引入】

罗马亭是一种具有欧式特点(罗马风格)的景观建筑。其造型古典而优美,平面形态以圆形为主,具有典型的穹顶和柱式造型,常常与开敞的草坪或鲜艳的花卉相搭配,可应用于欧式居住区和其他城市公共空间当中。建成物应用的景观环境:欧式居住区、城市绿地公园。

【实景图片】

实景图片如图 3.2-79 所示。

图 3.2-79　罗马亭实景图片

【任务要求】

运用 SketchUp 完成如图 3.2-79 所示的罗马亭的建模任务。

> **绘图思路提示**：与前面的景观单体有所不同,本实训任务提供的是罗马亭,其造型更加多元和复杂,所需的操作步骤和工具也就更加复杂一些。与前面几个任务中的景观单体不同,罗马亭的主要特点和区别在于平面布局和单体构件的造型都以圆形为主。绘制时需要熟练掌握"弧线"和"圆形"工具,熟悉"旋转复制"和"路径跟随"操作。绘制时可以按照由下到上的顺序,先创建圆形柱群,再创建半圆形穹顶。
>
> **【技能重点 1】**"路径跟随"工具。
>
> **【技能重点 2】**"Ctrl" + "R"旋转复制命令。

【任务实施】

3.2.4.1　Step 1

启动 SketchUp,选择建筑毫米模板,进入工作界面。

3.2.4.2　Step 2

根据罗马亭的实物效果,使用已绘制好的罗马亭 CAD 文件(见配套资源),检查文件,只需要保留完整的平面图和立面图(图 3.2-80)。

图 3.2-80　罗马亭 CAD 文件整理

3.2.4.3　Step 3

打开 SketchUp 界面,选择"文件"菜单里的"导入"功能,在"导入"面板中选择"Auto-CAD"格式,找到已保存的罗马亭 CAD 文件,点击"选项"按钮,查看导入文件的单位是否与 SketchUp 模型文件的单位统一,确认无误后点击"导入"。罗马亭 CAD 文件以组的形式导入 SketchUp 模型空间中(图 3.2-81)。

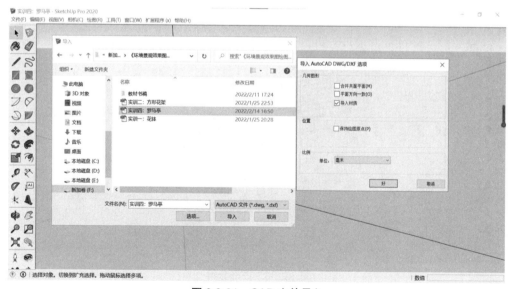

图 3.2-81　CAD 文件导入

3.2.4.4　Step 4

　　将导入的图形按平面图和立面图分组,用"旋转"工具使立面图竖立(图 3.2-82、图
3.2-83)。

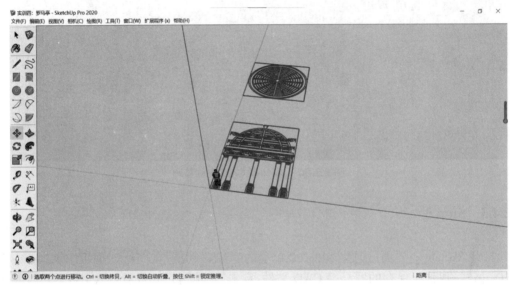

图 3.2-82　导入文件整理

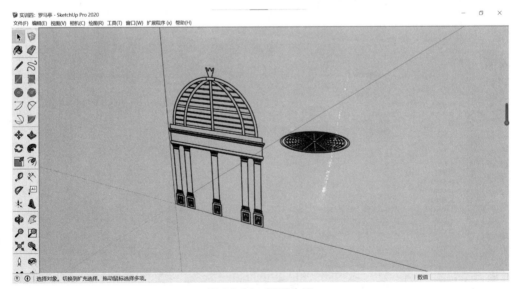

图 3.2-83　图形分组

3.2.4.5　Step 5

双击立面图组进入组内,组内的柱子是以组件的形式存在的。选择其中一个柱子组件进行复制,然后"炸开"解组(图 3.2-84),重新设置成组,形成一个与立面图组不相关联的独立柱子组件(图 3.2-85)。

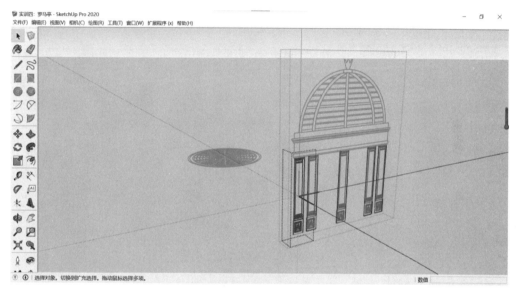

图 3.2-84　解组组件

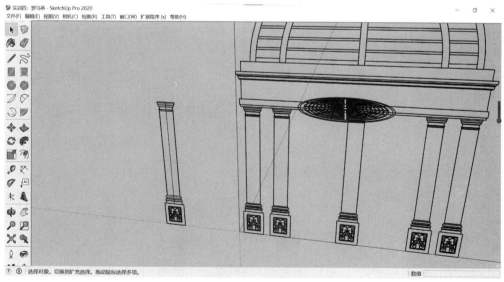

图 3.2-85　重组组件

3.2.4.6　Step 6

双击复制出来的柱子组件,用"铅笔"工具连接柱身上、下边线的中点,连接成面后删除多余的线,只保留半个截面。用画圆工具捕捉柱子的底面半径,画出圆形路径(图 3.2-86)。先选中圆形路径,再选择"路径跟随"工具,捕捉柱身的截面,运算后自动生成柱身(图 3.2-87)。

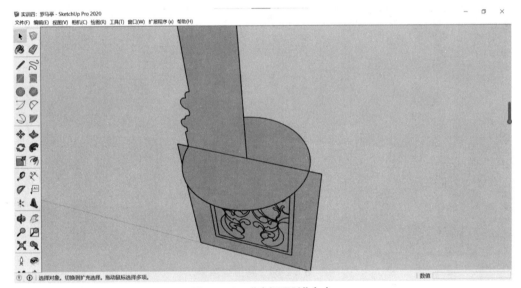

图 3.2-86　"路径跟随"命令

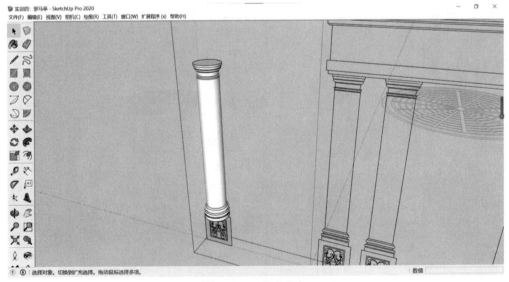

图 3.2-87　柱身创建

3.2.4.7　Step 7

根据图形的尺寸数据推拉出柱墩的形状（图 3.2-88），并创建和完善立面装饰（图 3.2-89、图 3.2-90）。

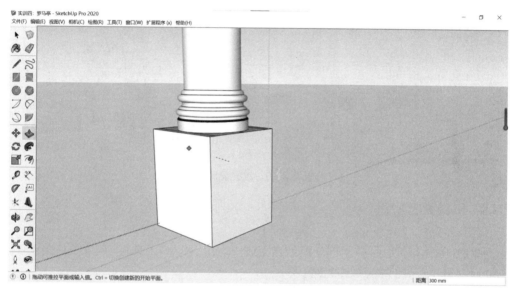

图 3.2-88　柱墩创建

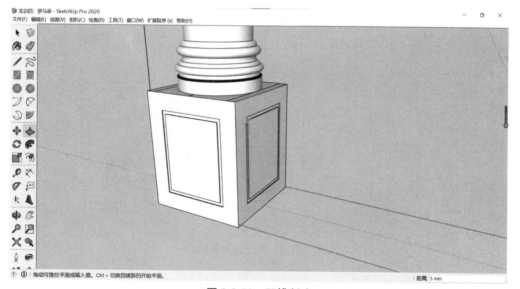

图 3.2-89　凹槽创建

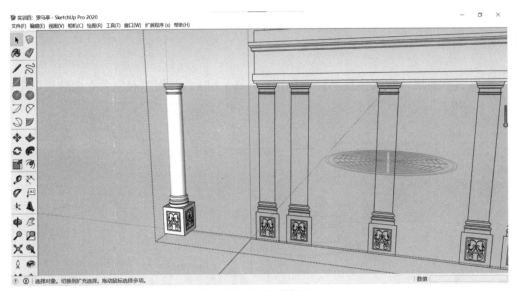

图 3.2-90　纹样复制

3.2.4.8　Step 8

简单赋予石材材质后,柱子部分即创建完成。运用"移动"工具将创建好的柱子组件移至与立面图组相对应的端点(图 3.2-91)。

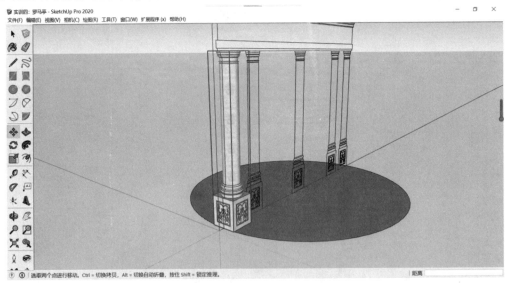

图 3.2-91　柱子组件移动

3.2.4.9　Step 9

旋转复制柱子组件,旋转角度为 45°,然后输入"x7"(图 3.2-92)。这样就完成了柱子的创建和陈列,数量为 8,间隔角度为 45°(图 3.2-93)。

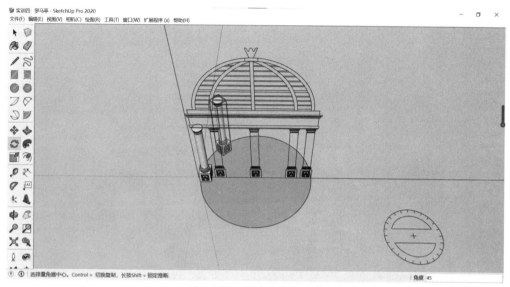

图 3.2-92　按角度旋转复制

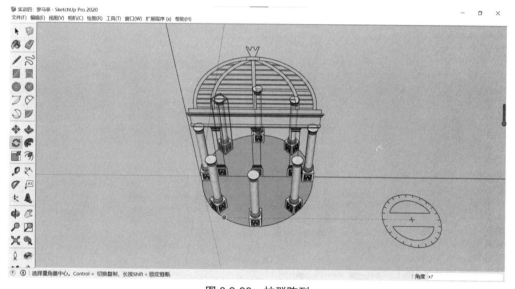

图 3.2-93　柱群陈列

3.2.4.10　Step 10

接下来创建罗马亭的圈梁部分。用"铅笔"工具根据立面图组相对应的端点勾画出截面（图 3.2-94）。然后选择"圆形"工具，以直线的中点为圆心，以直线的中点与左边端点的距离为半径画圆（图 3.2-95）。

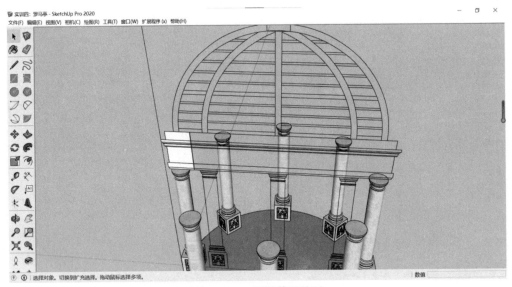

图 3.2-94 圈梁截面绘制

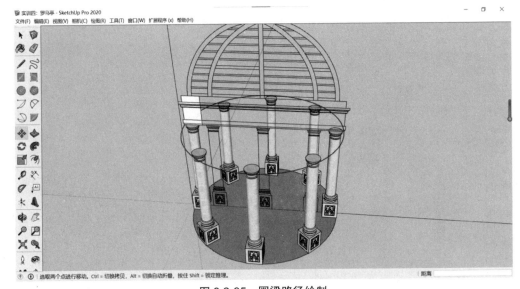

图 3.2-95 圈梁路径绘制

3.2.4.11 Step 11

选中截面和圆形,将二者设置成组。双击进入组内,选择圆形作为路径,使用"路径跟随"工具捕捉截面,待程序自动计算后获得圈梁的造型(图 3.2-96)。

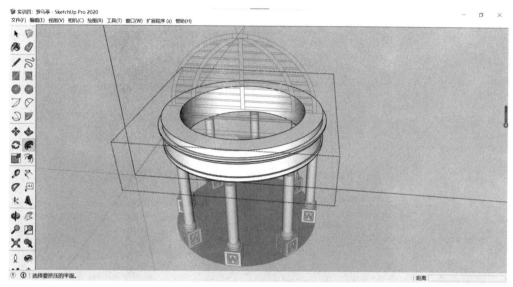

图 3.2-96　"路径跟随"命令

3.2.4.12　Step 12

给圈梁的形体结构赋予简单的材质,圈梁部分创建完成(图 3.2-97)。

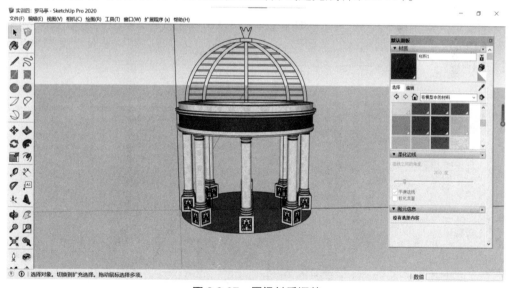

图 3.2-97　圈梁材质调整

3.2.4.13　Step 13

接下来创建罗马亭的穹顶部分。罗马亭的穹顶部分主要为铁艺结构,主要构件的尺寸参照 CAD 平面图(图 3.2-98)。

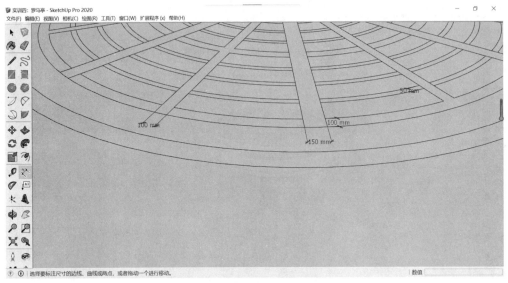

图 3.2-98　穹顶平面图尺寸测量

3.2.4.14　Step 14

选择"弧形"工具 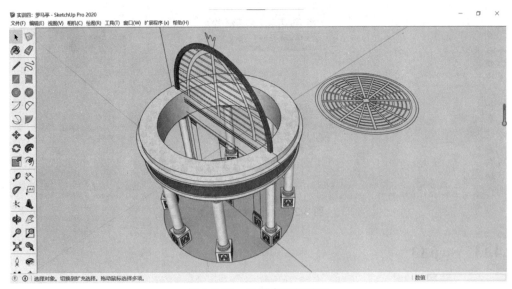（快捷键"A"），先捕捉立面图组的左、右两个端点，再捕捉顶部端点，绘制半圆图形面（图 3.2-99）。提前更改弧形的分段数。选择更改分段数后的弧形偏移距离为 100 mm，获得金属构件的平面形状。用"推拉"工具，前后推拉平面厚度为 100 mm（图 3.2-100）。

图 3.2-99　绘制半圆图形面

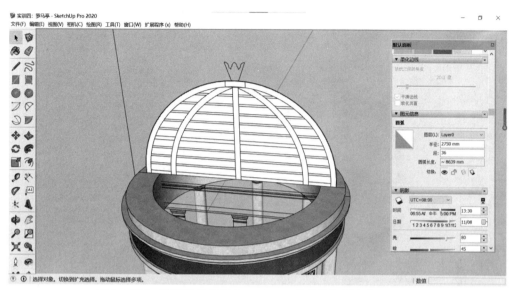

图 3.2-100　弧形偏移距离为 100 mm,前后推拉厚度为 100 mm

知识链接:"弧形"工具的用法。

3.2.4.15　Step 15

选择创建好的弧形构件,以底端线条的中点为圆心旋转 45°(图 3.2-101),然后输入"x3",完成第一个弧形构件的旋转复制和陈列(图 3.2-102)。

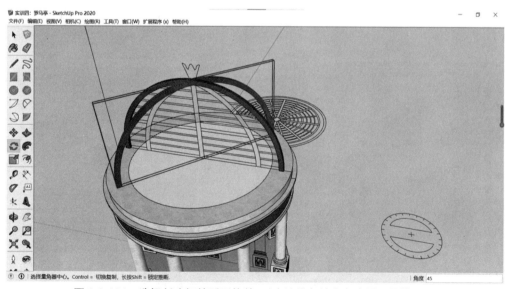

图 3.2-101　选择创建好的弧形构件,以底端线条的中点为圆心旋转 45°

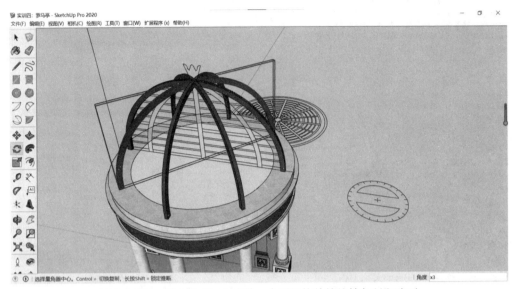

图 3.2-102　输入 "x3"，完成第一个弧形构件的旋转复制和陈列

3.2.4.16　Step 16

用同样的方法创建第二个弧形构件，完成第二个弧形构件的旋转复制和陈列。

3.2.4.17　Step 17

用同样的方法创建横向的第一个圆形构件，宽度为 100 mm，厚度为 100 mm（图 3.2-103）。

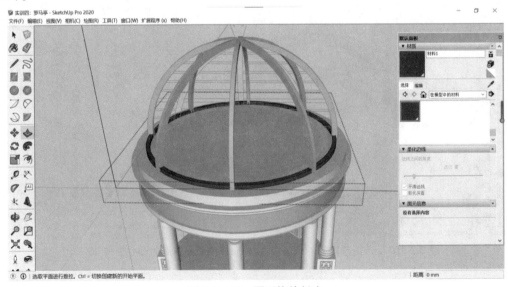

图 3.2-103　圆形构件创建

3.2.4.18　Step 18

根据立面图组依次创建剩下的横向圆形构件,宽度为 50 mm,厚度为 50 mm(图 3.2-104)。半径由下至上依次变小(图 3.2-105)。

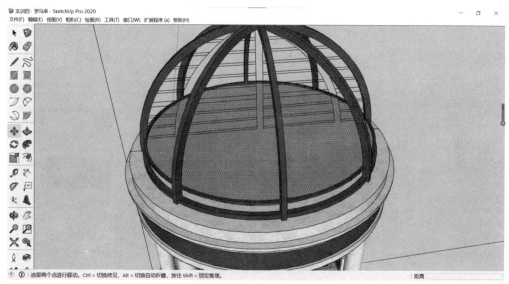

图 3.2-104　根据立面图组依次创建剩下的横向圆形构件

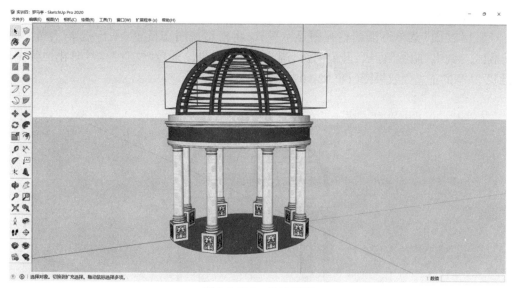

图 3.2-105　旋转复制

3.2.4.19　Step 19

添加罗马亭顶部的元素,模型制作完成(图3.2-106)。

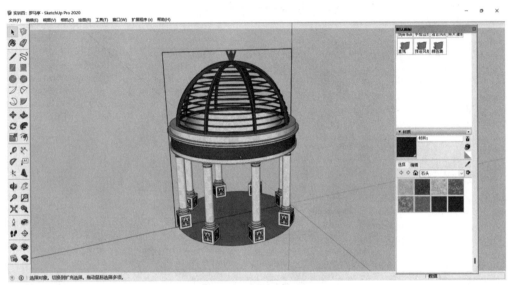

图3.2-106　罗马亭模型制作完成

3.2.4.20　Step 20

通过"视图"菜单可以调整视图显示模式,将模型视图切换至"平行投影"中的"前视图"模式。调出"阴影"面板,开启阴影,调节时间和日期。通过"文件"菜单导出二维图形,得到罗马亭的正立面效果图(图3.2-107)。

图3.2-107　罗马亭正立面效果图

知识链接："阴影"面板的调节和应用。

◉　任务与技能迁移：

①用同样的方法创建罗马亭 2。

②是否可以运用"路径跟随"命令创建其他造型复杂的物体？能创建哪些景观模型和景观细节呢？

3.2.5　任务五：景观单体——中式六角亭的设计与建模

【任务引入】

四角亭、五角亭乃至六角亭都是中式园林中常见的景观建筑。其造型优美，形态玲珑，富有文化特色，常与传统植物相映成趣，广泛地应用于中式居住区和其他中式公共空间当中。建成物应用的景观环境：中式居住区、城市园林绿地。

【实景图片】

实景图片如图 3.2-108 所示。

图 3.2-108　中式六角亭实景图片

【任务要求】

运用 SketchUp 完成如图 3.2-108 所示的中式六角亭的建模任务。

【任务实施】

3.2.5.1　　Step 1

启动 SketchUp，选择建筑毫米模板，进入工作界面。

3.2.5.2　　Step 2

选择"多边形"工具 （快捷键"Shift"+"B"），以坐标轴原点为圆心，绘制边数为 6、半径为 3 000 mm 的多边形作为六角亭的底座（图 3.2-109）。使用"推拉"工具推拉出底座的厚度 400 mm（图 3.2-110）。

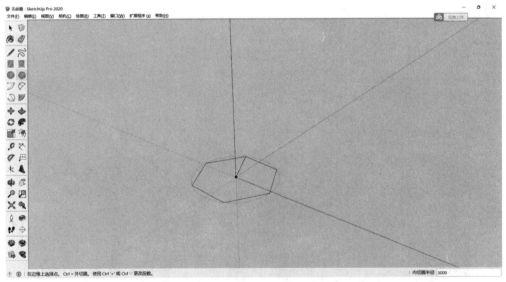

图 3.2-109　六边形绘制

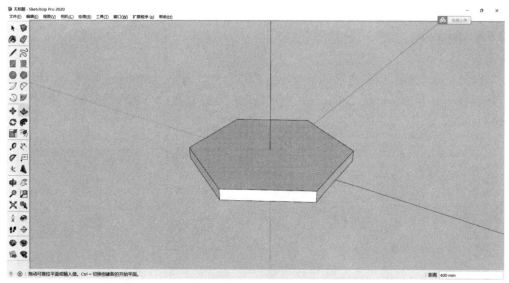

图 3.2-110　底座创建

知识链接："多边形"工具的使用。

3.2.5.3　Step 3

选择"偏移"工具,将底座的顶面向外偏移 30 mm 并推拉出厚度 80 mm。选择偏移和推拉后的底座顶面,通过"偏移"工具向内偏移 450 mm。以偏移后的六边形轮廓端点作为六角亭柱墩的平面布置参照(图 3.2-111)。

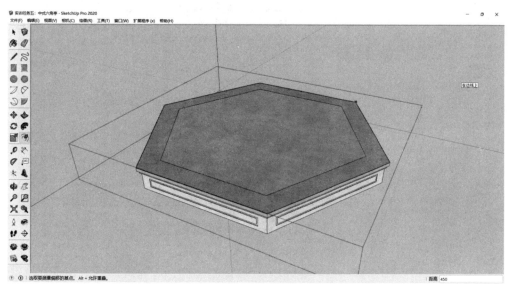

图 3.2-111　偏移与推拉

3.2.5.4　Step 4

选择"圆形"工具,以六边形的某个端点为圆心,绘制半径为 200 mm 的圆形。以圆心为起点绘制长、宽为 260 mm、220 mm 的矩形(图 3.2-112),在这个矩形的基础上用"圆弧"工具绘制柱墩的剖面轮廓(图 3.2-113)。

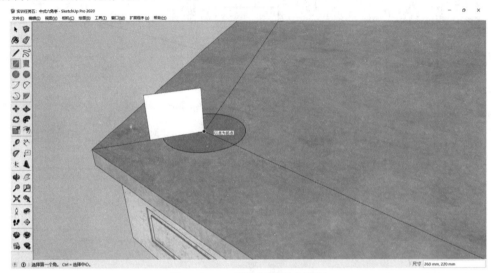

图 3.2-112　柱墩剖面轮廓绘制

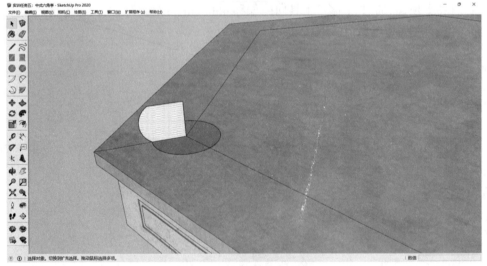

图 3.2-113　柱墩剖面轮廓绘制

3.2.5.5　Step 5

先选择圆形作为路径,再选择"路径跟随"工具捕捉获取柱墩的剖面(截面),生成柱墩并设置成组(图 3.2-114)。

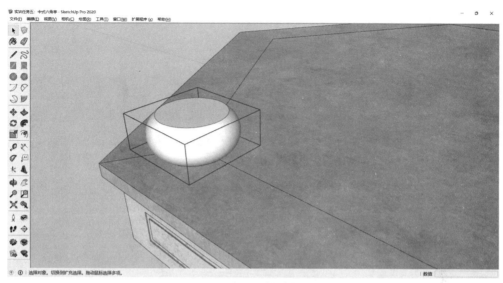

图 3.2-114　柱墩创建

3.2.5.6　Step 6

选择"偏移"工具,在柱墩顶面的基础上向内偏移 50 mm,并推拉出柱身的高度 3 200 mm(图 3.2-115)。

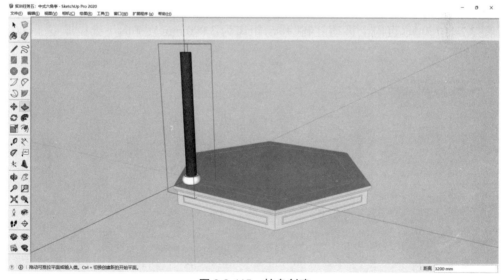

图 3.2-115　柱身创建

3.2.5.7　Step 7

选择创建好的柱墩和柱身,运用"旋转"工具,以六边形的中心为圆心,捕捉六边形的顶点(或输入角度60°)旋转复制出其他5组柱子(图3.2-116)。六角亭的柱子部分初步创建完成,接下来创建六角亭的屋顶部分。

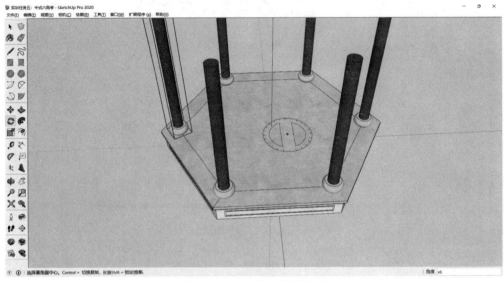

图3.2-116　按角度旋转复制

3.2.5.8　Step 8

将布置好的柱子隐藏。在底座顶面上捕捉中心点及相邻的两个端点,形成三角形辅助面(图3.2-117)。垂直向上移动复制(移动距离为3 000 mm),并向下推拉厚度1 000 mm(图3.2-118)。

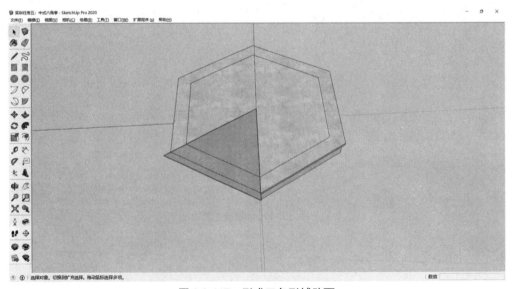

图3.2-117　形成三角形辅助面

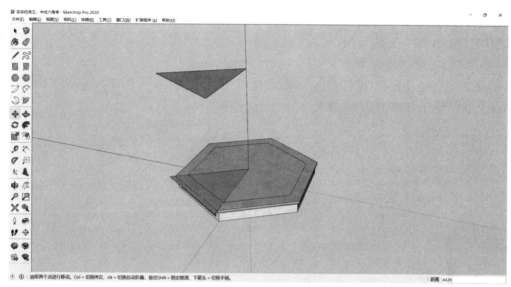

图 3.2-118　推拉三角形

3.2.5.9　Step 9

在推拉出的方体的两个立面上用"弧线"工具分别绘制出檐口的曲线和屋面的曲线（图 3.2-119）。用"偏移"工具偏移出檐口所在面的厚度 20 mm。

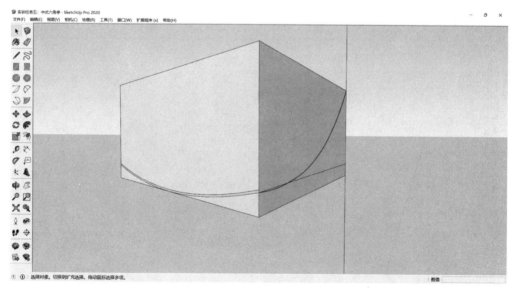

图 3.2-119　曲线绘制

3.2.5.10　Step 10

以屋面曲线为路径,以檐口曲面为截面,运用"路径跟随"工具创建六角亭单个扇面屋顶所在的面(图 3.2-120、图 3.2-121)。

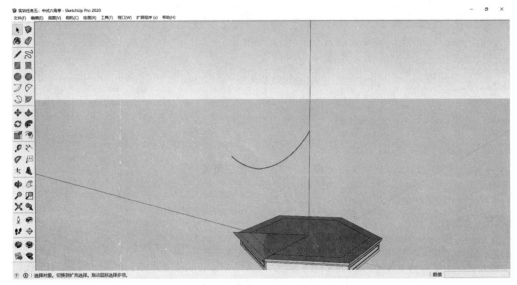

图 3.2-120　"路径跟随"命令

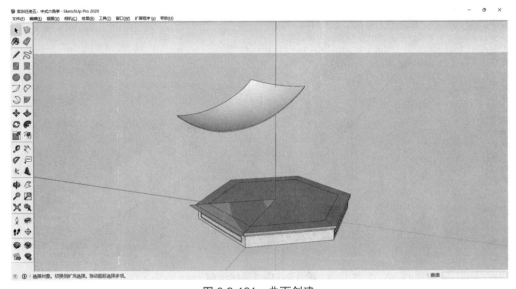

图 3.2-121　曲面创建

3.2.5.11　Step 11

以与单个屋顶相对应的垂直的三角形面为对象,推拉出一定的厚度,使之与屋面相交。然后选择二者,单击鼠标右键,在弹出的菜单中选择"模型交错",去除多余的曲面(图 3.2-122~图 3.2-126)。

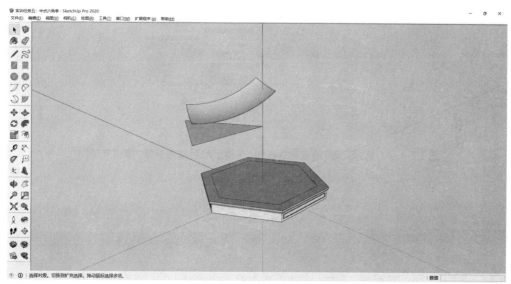

图 3.2-122　选择与单个屋顶相对应的垂直的三角形面

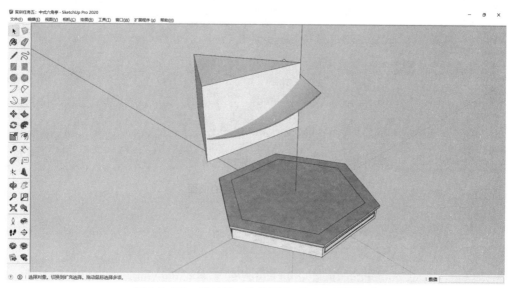

图 3.2-123　推拉出一定的厚度,使之与屋面相交

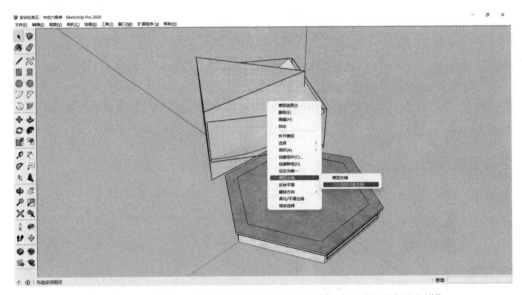

图 3.2-124　选择二者,单击鼠标右键,在弹出的菜单中选择"模型交错"

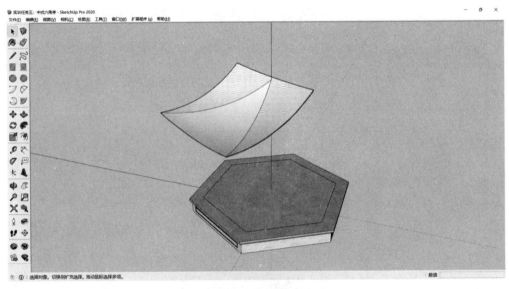

图 3.2-125　去除多余的曲面

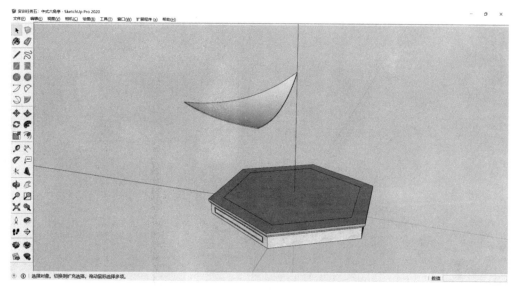

图 3.2-126　单个屋顶曲面创建完成

知识链接：“模型交错”的巧用。

3.2.5.12　Step 12

用绘图工具绘制出屋脊界面的形状，运用“路径跟随”工具创建出亭子的垂脊（图 3.2-127~图 3.2-129 ）。

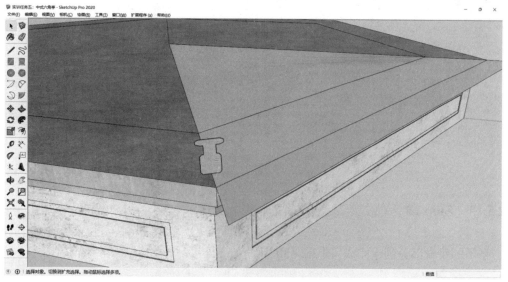

图 3.2-127　垂脊截面创建

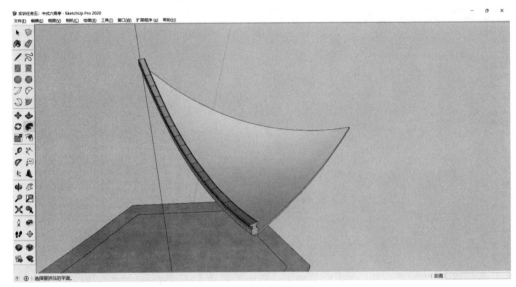

图 3.2-128　垂脊创建 1

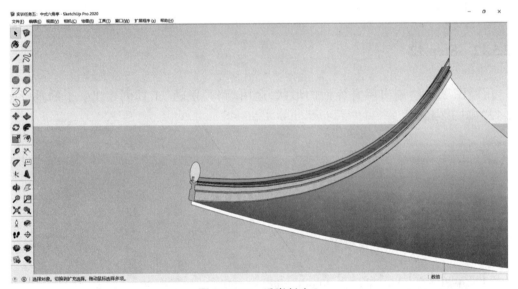

图 3.2-129　垂脊创建 2

3.2.5.13　Step 13

亭子的垂脊部分创建完成（图 3.2-130）。

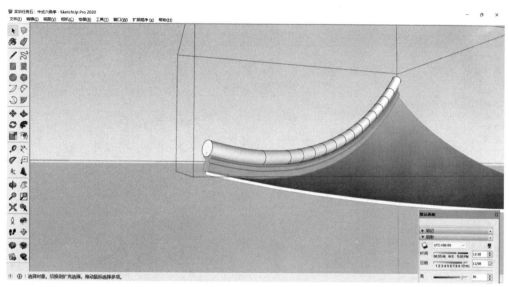

图 3.2-130　垂脊创建完成

3.2.5.14　Step 14

创建筒瓦和檐口（图 3.2-131）。

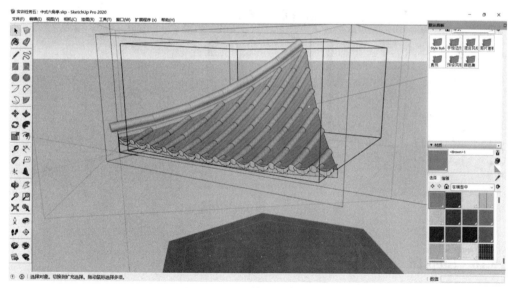

图 3.2-131　筒瓦与檐口创建

3.2.5.15　Step 15

利用"旋转"工具旋转复制出六角亭的其他亭顶（图 3.2-132、图 3.2-133）。

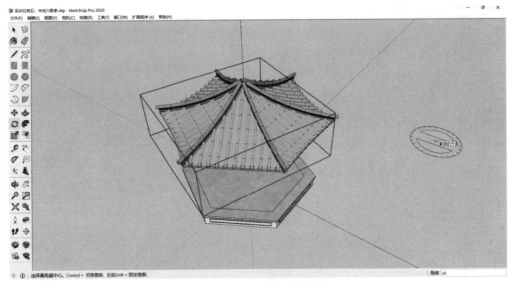

图 3.2-132　旋转对位复制

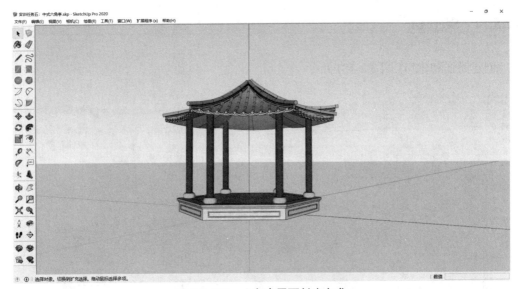

图 3.2-133　六角亭屋面创建完成

3.2.5.16　Step 16

利用"路径跟随"工具创建亭子的圆形宝顶（图 3.2-134）。

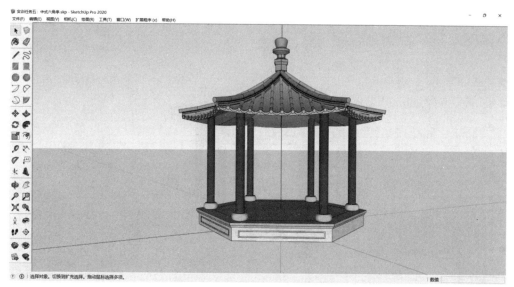

图 3.2-134　圆形宝顶创建

3.2.5.17　Step 17

利用绘图工具和"推拉"工具创建亭子顶部的装饰构件（图 3.2-135），并旋转复制布置到柱间（图 3.2-136）。

图 3.2-135　装饰构件创建

图 3.2-136　装饰构件旋转复制

3.2.5.18　Step 18

利用绘图工具和"推拉"工具创建亭子底座上的座椅（图 3.2-137）。

图 3.2-137　座椅创建

3.2.5.19　Step 19

创建连接亭子两端的台阶，中式六角亭的模型制作完成（图 3.2-138）。

图 3.2-138　中式六角亭模型制作完成

3.2.5.20　Step 20

打开"阴影"面板，调节光影效果，导出中式六角亭的俯视效果图（图 3.2-139）。

图 3.2-139　中式六角亭透视效果图

> ◼ **任务与技能迁移：**
> ①用同样的方法创建四角亭。
> ②运用"多边形"工具还能创建哪些景观模型和景观细节呢?

3.2.6　任务六:景观单体——景观地形的设计与建模

【任务引入】

　　景观地形是景观场景中非常重要的基础元素。景观地形大致分为平地、坡地、凹地及山地等类型,是塑造景观环境的骨架。造型优美、形态各异的景观地形可以起到塑造空间、引导视线、丰富视觉和体验的作用,与植物搭配可以获得很好的景观效应。建成物应用的景观环境:居住区、城市绿地、城市公园、运动公园、儿童乐园。

【实景图片】

　　实景图片如图 3.2-140 所示。

图 3.2-140　景观地形实景图片

【任务要求】

　　运用 SketchUp 完成与图 3.2-140 所示的实景图片类似的景观地形的建模任务。

【任务实施】

3.2.6.1　Step 1

点击"视图"菜单下的"工具栏",调出"工具栏"面板。勾选"工具栏"面板中的"沙盒",与"沙盒"相关的工具将出现在界面中(图 3.2-141)。

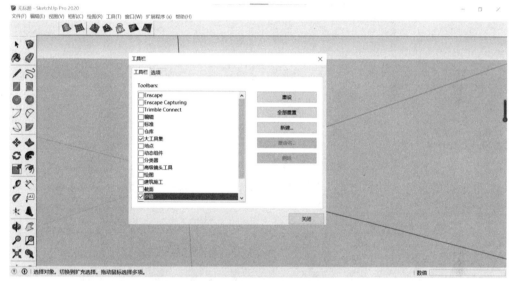

图 3.2-141　"沙盘"工具调取

知识链接:"工具栏"面板的调取。

3.2.6.2　Step 2

"沙盒"工具提供了两种地形生成方式,分别是"根据等高线创建"和"根据网格创建"。本节介绍第二种方式。

3.2.6.3　Step 3

点击"根据网格创建"。默认网格间距为 3 000 mm,在创建网格前先将半径修改为 1 000 mm,从而调整网格的疏密度。然后输入网格的总体长宽尺寸(30 000 mm,50 000 mm)。网格间距为 1 000 mm、长度为 30 000 mm、宽度为 50 000 mm 的网格创建完成(图 3.2-142)。

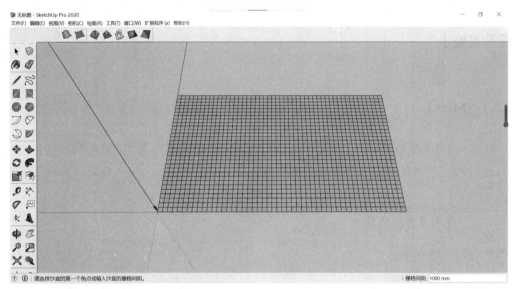

图 3.2-142　网格创建

3.2.6.4　Step 4

按照地形的走势,运用"选择"工具选择与山脊线相吻合的线与面(图 3.2-143)。

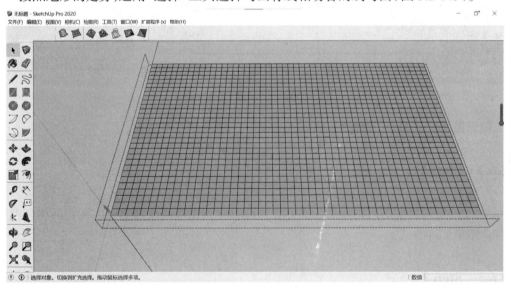

图 3.2-143　选择线与面

3.2.6.5　Step 5

选择"曲面起伏"工具 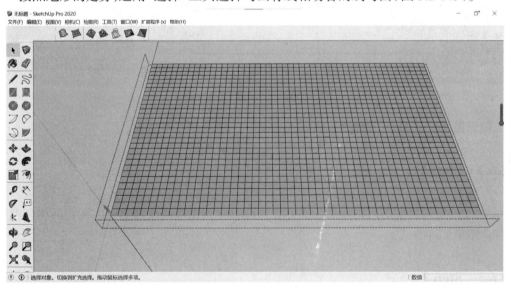 。默认影响半径为 10 000 mm,在推拉前先将影响半径修改为合适的值(图 3.2-144)。

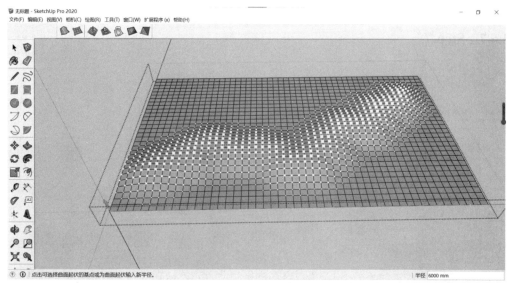

图 3.2-144　网格推拉

3.2.6.6　Step 6

根据地形走势范围推拉出合适的地形高度(图 3.2-145)。

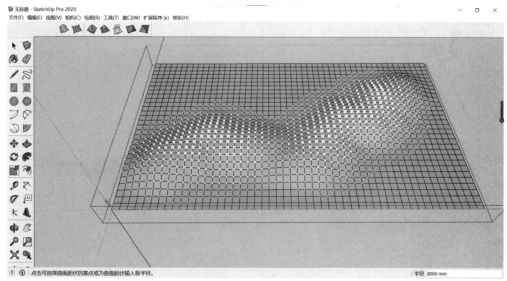

图 3.2-145　地形高度推拉

3.2.6.7　Step 7

缩小选择范围,局部调整地形高度(图 3.2-146、图 3.2-147)。

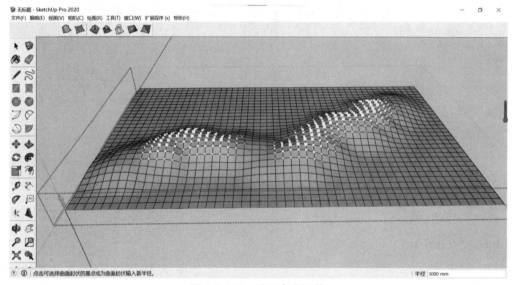

图 3.2-146　地形高度调整

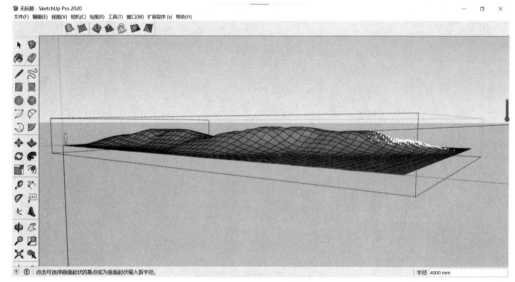

图 3.2-147　地形起伏调整

3.2.6.8　Step 8

调整结束后完成地形的设计（图 3.2-148）。

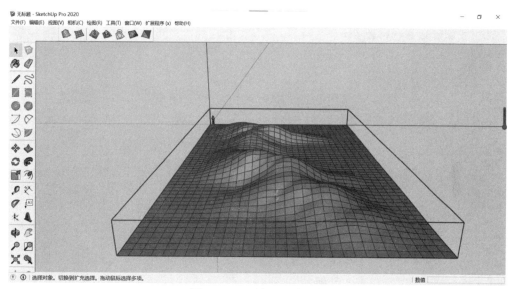

图 3.2-148　地形设计完成

3.2.6.9　Step 9

绘制与地形面积相等的矩形（图 3.2-149）。

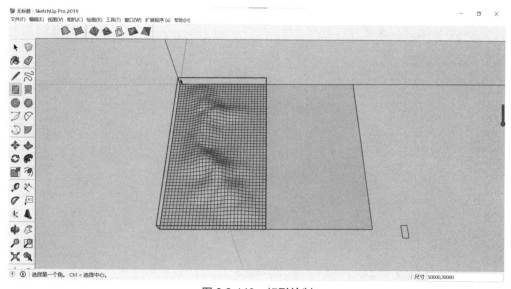

图 3.2-149　矩形绘制

3.2.6.10　Step 10

在矩形上绘制出道路的形状（图 3.2-150）。

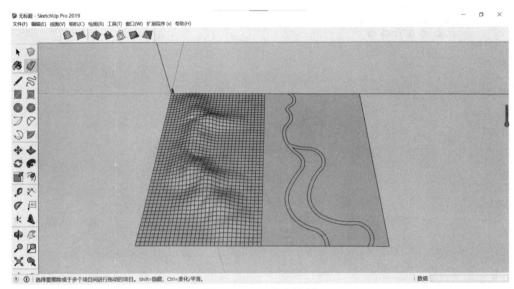

图 3.2-150　道路绘制

3.2.6.11　Step 11

将绘有道路的矩形设置成组，垂直移至地形的正上方（图 3.2-151）。

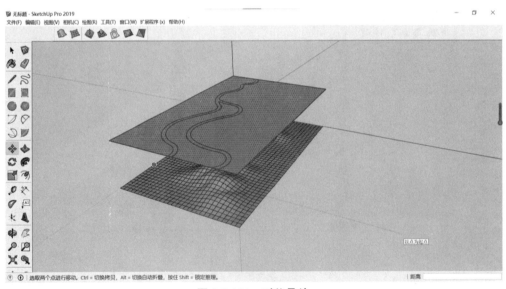

图 3.2-151　对位叠放

3.2.6.12　Step 12

选择"沙河"工具栏中的"曲面投影"工具,将绘制好的道路垂直投影到起伏变化的地形上(图 3.2-152)。

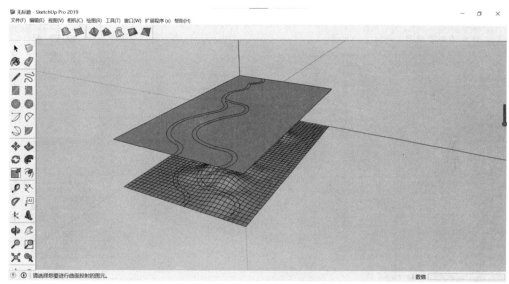

图 3.2-152　"曲面投影"命令

3.2.6.13　Step 13

地形上获得了起伏变化的山路以及分化好的面(图 3.2-153)。

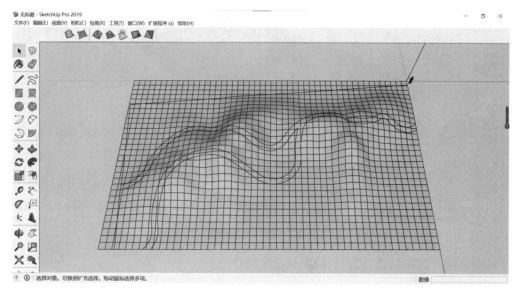

图 3.2-153　道路投影

3.2.6.14　Step 14

选择"油漆桶"工具,选择绿色的地被贴图赋予地形,选择石材贴图赋予道路(图 3.2-154、图 3.2-155)。

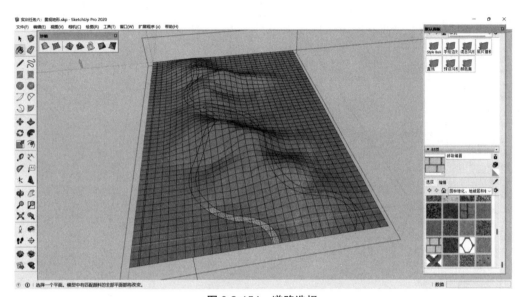

图 3.2-154　道路选择

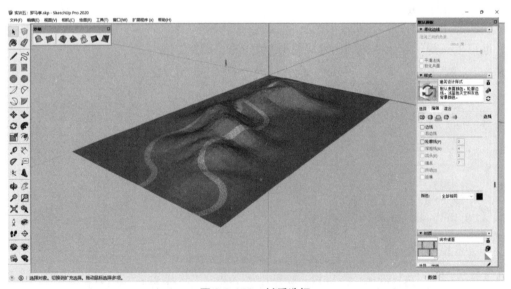

图 3.2-155　材质选择

知识链接:"贴图材质"面板的调取和参数调整。

3.2.6.15　Step 15

选择地形,单击鼠标右键,在弹出的菜单中选择"柔化/平滑边线",勾选"平滑法线"和"软化共面",景观地形的模型制作完成(图 3.2-156)。

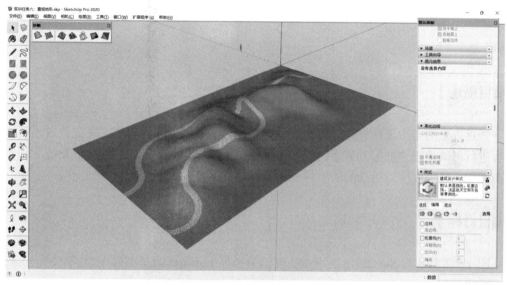

图 3.2-156　景观地形模型制作完成

知识链接:"柔化边线"的使用。

项目 3.3　Enscape 实时渲染插件的认知及应用

【项目描述】

景观效果图绘图员在具体的工作岗位上和项目实务中的主体工作之一是针对景观方案内容进行场景建模并根据方案意向渲染三维建模场景。景观效果图绘图员应熟练运用实时渲染插件快速完成模型场景的渲染任务。

【项目目标】

（1）熟练掌握与 SketchUp 匹配的实时渲染插件 Enscape 的基本操作、菜单功能、工具栏以及参数调整。

（2）熟练运用实时渲染插件 Enscape 对模型场景完成效果图及动画的渲染与输出，制作优秀的方案效果图。

3.3.1　任务一: Enscape 的基础认知

与 SketchUp 的建模功能类似, Enscape 作为一款实时渲染插件,最大的好处就是快捷和高效,能满足 90%以上的客户对效果图的基本需求。设计师无须用漫长的时间等待效果图的渲染,调整和修改方案的时间也大大缩短。

具体而言, Enscape 是一款可以应用于 Revit、Rhino 和 SketchUp 平台的可视化插件,支持一键渲染以及 VR(虚拟现实)漫游体验。Enscape 适用于整个项目周期,从项目开始、内部汇报、设计校对一直到向甲方汇报。它的渲染速度很快。举个简单的例子:渲染一张 1 920 mm × 1 080 mm 的图片, Enscape 平均只需要 3~5 s, V-ray 大约需要 20 min;输出 1 s 的动画视频, Enscape 用时大约只需 2 min。采用 SketchUp+Enscape 组合(即三维建模+实时渲染),布局和效果图即时可见、即时修改,是非常方便和高效的选择。所以,本教材在编写的过程中选择 Enscape 插件与 SketchUp 软件相搭配,从 Enscape 的基本操控、材质参数、人工光源、成果输出等方面进行渲染教学。

3.3.2　任务二:Enscape 的基本操控认知

用户可以打开 SketchUp 模型文件,通过"视图"菜单下的"工具栏"面板找到关于 Enscape 的选项(图 3.3-1)。

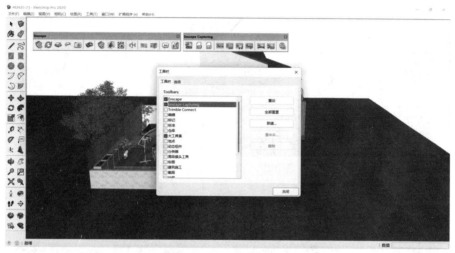

图 3.3-1　Enscape 调取

在目前常用的 Enscape 版本中存在两个对应的工具栏,分别是"Enscape"主要工具栏和"Enscape Capturing"渲染输出栏。通过"工具栏"面板调出相应的工具栏选项显示在模型窗口中,便于后面的操作。在"Enscape"主要工具栏中点击第一个"启动"按钮,即可启动 Enscape(图 3.3-2)。

图 3.3-2　启动 Enscape

Enscape 的操控设置采用了通用的游戏键位,初学者很容易掌握和控制视图画面。与此同时,它还增加了很多功能特性来辅助设计行业更好地在三维空间中体验项目作品。在 Enscape 视图页面的下方为深灰色的操控区,分别对应用户电脑的键盘和鼠标(图 3.3-3)。

接下来以图 3.3-4 为基础详细介绍 Enscape 的操控功能。

图 3.3-3　Enscape 主界面

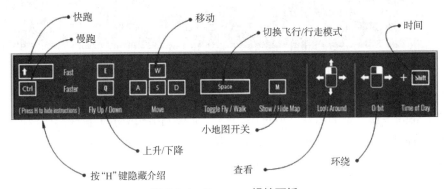

图 3.3-4　Enscape 操控面板

　　关于场景的查看，用户可以点击鼠标左键并移动鼠标旋转查看模型场景；点击鼠标右键并移动鼠标可以实现绕点旋转，即围绕光标箭头所在的点进行旋转查看；点击鼠标中键并移动鼠标可以实现平移查看。

　　"E"键可以实现场景的上移(↑)，"Q"键可以实现场景的下移(↓)，"A"键可以实现场景的左平移(←)，"D"键可以实现场景的右平移(→)。"E""Q""A""D"分别对应上、下、左、右四个方位和方向。

　　在按住"E"键的同时按住"Ctrl"键，可以降低平移速度，这个方法同样适用于"Q""A""D"键。相反，在按住"E"键的同时按住"Shift"键，可以提高平移速度。

　　在场景视图中，用鼠标双击视图中的一点，视图会快速展现双击的位置。在较大型的模型场景或规划类的场景中，通过双击可以快速到达目标区域。

　　Enscape 为场景的观察提供了两种模式——飞行模式(flight mood)和行走模式(walk mood)，空格键可以实现模式的切换。在飞行模式下，视线不受物体阻挡的影响；在行走模式下，视线不能穿过障碍物体。

Enscape 还为场景的观察提供了简捷、方便的地图索引。通过快捷键"M"可以调出地图,地图将显示观察者视点所在的位置,通过点击地图上的点可以快速到达不同的视点位置。

3.3.3　任务三:Enscape 的主工具栏认知

主工具栏功能的认知和掌握是 Enscape 用户进阶的基础和关键。Enscape 的主工具栏综合了 12 项功能,下面逐一进行详解(图 3.3-5)。

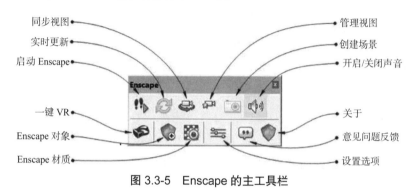

图 3.3-5　Enscape 的主工具栏

3.3.3.1　启动 Enscape

点击按钮可以启动 Enscape 插件程序(图 3.3-6)。

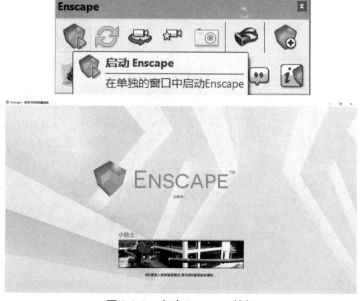

图 3.3-6　启动 Enscape 按钮

3.3.3.2　实时更新

点击按钮可以将 SketchUp 模型中的操作变化同步显示在 Enscape 的场景视图中（图 3.3-7）。

图 3.3-7　实时更新按钮

3.3.3.3　同步视图

点击按钮可以将 SketchUp 模型中因调整视角和视点引起的视图场景变化同步显示在 Enscape 的场景视图中（图 3.3-8）。

图 3.3-8　同步视图按钮

3.3.3.4　管理视图

点击按钮出现场景号面板,点击场景号右侧的星号可以将 SketchUp 模型中的场景号同步显示在 Enscape 的场景视图中。被收藏的场景号出现在 Enscape 场景视图右侧的快捷导航栏中, Enscape 的快捷导航栏。另外,场景名称后面显示"相机"或"太阳"图标,可以调用该场景的相机或时间(图 3.3-9)。

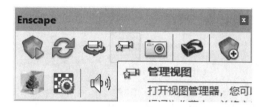

图 3.3-9　管理视图按钮

3.3.3.5　创建场景

在 Enscape 的视图窗口中选择视图创建并在 SketchUp 模型中同步添加新的场景号(图 3.3-10、图 3.3-11)。

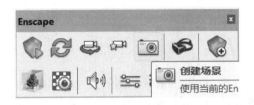

图 3.3-10　创建场景按钮

图 3.3-11　视窗同步

3.3.3.6　声音对象

点击按钮可开启/关闭场景中的声音,前提是在 Enscape 对象中创建了声音对象。

3.3.3.7 一键 VR

点击按钮可将 Enscape 中显示的内容一键同步到 VR 设备中,目前支持的设备包括 HTC VIVE、Oculus Rift 和 Windows Mixed Reality 虚拟现实设备。

3.3.3.8 Enscape 对象

点击按钮可以创建 Enscape 的特殊物体,包括光源、声源和链接模型(图 3.3-12)。

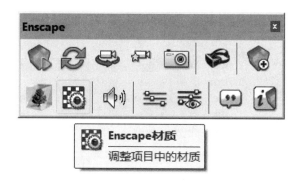

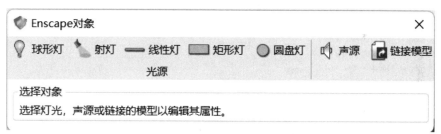

图 3.3-12 Enscape 对象按钮

3.3.3.9 Enscape 材质

点击按钮可以打开 Enscape 的材质编辑器(图 3.3-13)。

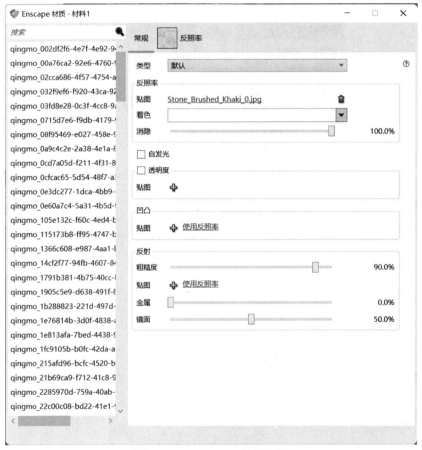

图 3.3-13　Enscape 材质按钮

3.3.3.10　设置选项

点击按钮可打开 Enscape 的"设置选项"面板。

3.3.3.11　意见问题反馈

点击按钮可以把运行 Enscape 时遇到的问题及日志文件一起反馈给官方,官方相关部门会分析产生问题的原因,之后会和用户联系提供解决方案。

3.3.3.12　关于

点击按钮可提交 Enscape 注册信息,链接到 Enscape 在线商店或设置 Enscape 更新提醒。

3.3.4　任务四:Enscape 的材质参数认知

从 Enscape 2.12 版本开始 Enscape 才拥有材质编辑器,可以自由编辑、定义材质。在这之前 Enscape 使用一套标准的缺省材质,并且材质的设置方法非常便捷,只要编辑 SketchUp 自身的材质名称即可,在材质名称中输入特定的关键词就能渲染出相对应的材质。只要在常用材质名称中输入这类材质的统一关键词即可。所以我们发现:大部分材质都无须设置,Enscape 就可以自动识别。对中文用户来说,只要掌握 Enscape 的材质关键词列表,就可以迅速指定材质。

Enscape 的材质关键词分成两类,一类是特殊材质,包括水体类、植物类、草坪类、自发光类 4 类(图 3.3-14),具体内容如下。

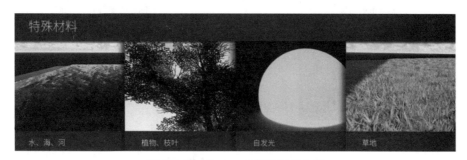

图 3.3-14　Enscape 特殊材质分类

(1)水体类具体包含 Water(水)、Ocean(海)、River(河)三种,可以展现水类的液态对象,在动态观察或者 VR 下水表面呈流动状态。

(2)植物类具体包含 Vegetation(植物)、Foliage(枝叶)、Leaf(叶子)三种,可以表现出植物对象半透明的质感(只适合单面)。

(3)草坪类(Grass)可以直接渲染出三维的草地,支持贴图,草的颜色会自动对应贴图所在表面的颜色。

（4）自发光类（Missive）物体对象可发光，光的颜色基于物体自身材质的颜色。

另一类为标准材质，主要通过表面粗糙度和反光率来影响材质的效果。图 3.3-15 所示为效果及对应的关键词。

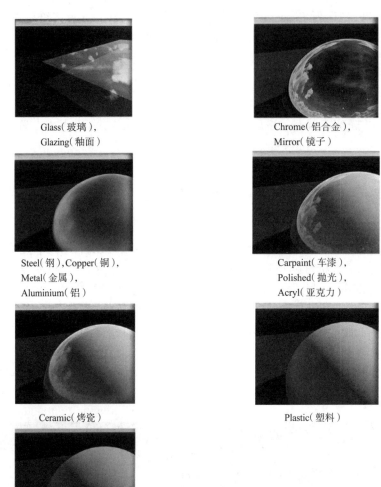

Glass（玻璃），
Glazing（釉面）

Chrome（铝合金），
Mirror（镜子）

Steel（钢），Copper（铜），
Metal（金属），
Aluminium（铝）

Carpaint（车漆），
Polished（抛光），
Acryl（亚克力）

Ceramic（烤瓷）

Plastic（塑料）

Fabric（布料）、
Cloth（衣物）

图 3.3-15　Enscape 标准材质分类

3.3.4.1　材质编辑器面板

材质编辑器面板如图 3.3-16 所示。

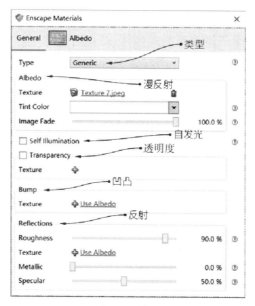

图 3.3-16　材质编辑器面板

　　这是一个比较标准、简洁的材质编辑器,为了方便学习者真正掌握 Enscape 的材质设置,下面逐项进行详细介绍。

1)Type

　　可以选择材质类型,缺省材质类型为标准材质,内容就是前面介绍的特殊材质,包括 Grass(草地)、Water(水)和 Foliage(枝叶),自发光材质作为一个选项单独列出。

2)Albedo

　　反照率,其实就是我们经常说的漫反射,它可控制材质的主要显示效果。

3)Texture

　　贴图,如果在 SketchUp 中已经赋予了材质贴图,这后面就会显示该贴图的文件名,点击贴图链接可以进入贴图编辑层级。在贴图层级里,Brightness 用于控制贴图的显示亮度,100%时为正常。

4)Inverted

　　反相,被勾选后贴图会以反相颜色显示。

5)Explicit Texture Transformation

　　这个选项被选中后可以强制改变贴图的尺寸,编者认为这个选项有些多余,回到 SketchUp 里面修改更直观。

6)Tint Color

　　着色,它的作用相当于在当前的纹理贴图之上再叠加一层颜色。

7)Image Fade

消隐,它的作用相当于调整贴图的透明度,让图片越来越淡,当调整它时下方会出现 Color 的选项,可以选择一个底色,这样图片越淡,底色就显示得越清晰。

8)Self illumination

自发光,在以前版本的 Enscape 中只能通过关键字来设定自发光,并且自发光无法调整照度。在新版本的 Enscape 可以给 SketchUp 中的任何材质添加该选项,并可调整照度和灯光颜色,这就非常实用了,使用自发光的材质相当于可以将场景中的任何物体对象都变成照明光。

3.3.4.2　草坪材质的调整

草坪是景观模型中常见的材质之一(图 3.3-17),也是 Enscape 材质编辑器中的缺省材质之一。如图 3.3-18 所示,当在 SketchUp 模型中任意赋予草坪的贴图材质而没有进行缺省命名时, Enscape 无法识别贴图类型,材质的显示依然是平面化的,和 SketchUp 模型场景中显示的基本一样。

图 3.3-17　Enscape 草坪材质

图 3.3-18　Enscape 草坪材质贴图命名

在 SketchUp 模型中用吸管工具选择草坪的贴图材质并重新进行命名时,应使它的名称中含有"Grass"。打开 Enscape 的材质编辑器,面板中对应识别出贴图类型,并且有"反照率""凹凸""反射""草的设置"4 类参数可供调整(图 3.3-19)。在通常情况下,可以通过调节草坪材质贴图的"高度""高度变化"来调整草坪的立体变化程度:"高度"参数越大,草坪越高、越立体;"高度变化"参数越大,草坪的高低变化越丰富、越明显。

图 3.3-19　Enscape 草坪材质参数调整

另外,用户还可以选择更合适的贴图进行更换,效果也会出现明显的变化(图 3.3-20)。

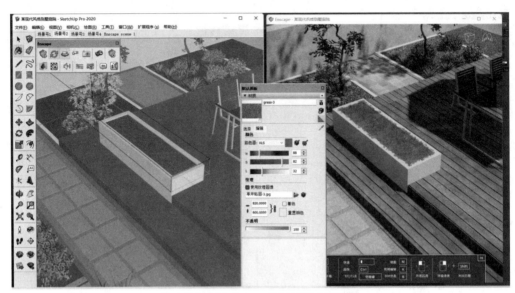

图 3.3-20　Enscape 草坪材质贴图更换

3.3.4.3　水体材质的调整

水体是景观模型中常见的材质之一（图 3.3-21），也是 Enscape 材质编辑器中的缺省材质之一。当在 SketchUp 模型中任意赋予水体的贴图材质而没有进行缺省命名时，Enscape 无法识别贴图类型，材质的显示依然是平面化的，和 SketchUp 模型场景中显示的基本一样。

图 3.3-21　Enscape 水体材质

图 3.3-22　Enscape 水体材质参数调整

在 SketchUp 模型中用吸管工具选择水体的贴图材质,并重新进行命名时,应使它的名称中含有"Water"。打开 Enscape 的材质编辑器,面板中对应识别出贴图类型,并且有"水的颜色""风的设置""水波设置""详细的设置"4 类参数可供调整(图 3.3-22)。在通常情况下,可以通过调节风的"强度"改变水波的状态;通过调节水波的"高度"和"比例"调整水波的大小及立体变化程度,"高度"参数越大,水波的立体变化程度越高,"比例"参数越大,水波的波纹密度越高。

3.3.4.4　桌面材质的调整

不同类型的桌面也是景观模型中常见的材质之一(图 3.3-23),但它并不属于 Enscape 材质编辑器中的缺省材质。当在 SketchUp 模型中赋予石材或人造石属性的桌面贴图时,Enscape 没有对应的贴图类型进行识别。用户可以选择具有类似材质属性的类别进行命名,譬如 Glazing(釉面)、Metal(金属)、Ceramic(烤瓷)(图 3.3-24)等标准材质,主要通过表面粗糙度和反光率来影响材质的效果。

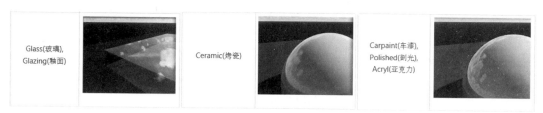

图 3.3-23　Enscape 标准材质选择

图 3.3-23　Enscape 桌面材质

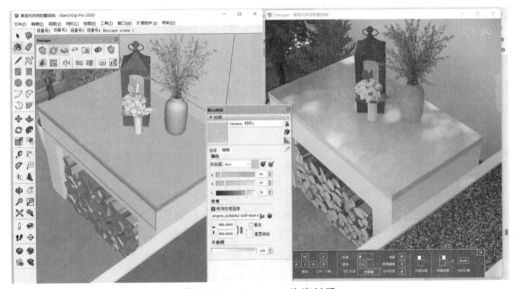

图 3.3-24　Enscape 陶瓷材质

3.3.4.5　金属材质的调整

金属材质的调整如图 3.3-25、图 3.3-26 所示。

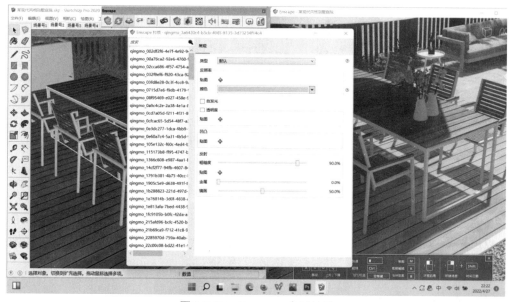

图 3.3-25 Enscape 金属材质

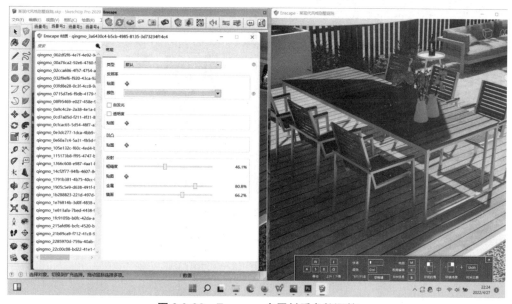

图 3.3-26 Enscape 金属材质参数调整

3.3.5 任务五:Enscape 的对象参数认知

Enscape 对象为用户提供了光源、声源、链接模型 3 类对象。光源对象参数设置是进行模型场景渲染前的必备工作,也是本节的学习重点(图 3.3-27)。

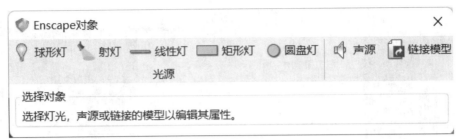

图 3.3-27　"Enscape 对象"工具栏

3.3.5.1　点光源

点击"球形灯"创建一个球形灯,创建方式是先选择 XY 平面上的一点,然后给出 Z 轴方向的高度。

图 3.3-28　Enscape 球形灯创建

球形灯在日光模式下的亮度是非常微弱的(图 3.3-29)。

图 3.3-29　Enscape 日光模式

通过"阴影"面板调节时间至夜间模式,人工光源的作用才会明显。除了日光模式下的局部补充外,人工光源更适用于夜景效果图的制作(图 3.3-30)。

图 3.3-30　Enscape 夜间模式

参数一,发光强度:在"球形灯"面板中,可以通过调整发光强度的滑块来设置和调节光源的亮度(图 3.3-31)。

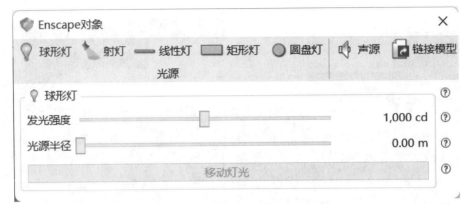

图 3.3-31　Enscape"球形灯"面板

在默认的缺省状态下,发光强度处于中间值 1 000 cd(图 3.3-32)。

图 3.3-32　Enscape 球形灯发光强度缺省值

向右调节发光强度的滑块时,发光强度逐渐增大,调节至约 3 800 cd 时,亮度非常明显(图 3.3-33);相反,向左调节至约 50 cd 时,亮度及光晕削弱(图 3.3-34)。

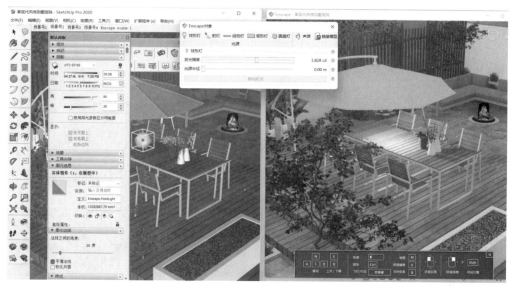

图 3.3-33　Enscape 球形灯发光强度降低

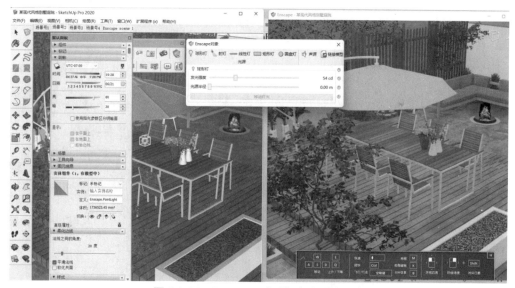

图 3.3-34　Enscape 球形灯发光强度升高

参数二,光源半径:在"球形灯"面板中,可以通过调整光源半径的滑块来设置和调节光源的照射范围。在默认的缺省状态下,光源半径为 0.00 m。

向右调节光源半径的滑块时,光源的照射范围扩大(图 3.3-35);相反,向左调节光源半径的滑块时,光源的照射范围缩小(图 3.3-36)。

图 3.3-35　Enscape 球形灯光源半径增大

图 3.3-36　Enscape 球形灯光源半径减小

球形灯的位置移动：选择创建好的球形灯，点击"Movelight"可以辅助移动灯光，此时 Enscape 会给出灯光的即时反馈，确定位置后可点击"Write to SketchUp"；或者选中球形灯，通过"移动"工具进行位置移动（图 3.3-37）。

图 3.3-37　Enscape 球形灯位置移动

球形灯的颜色调整:在 SketchUp 中可以材质的方式赋予光源对象颜色(图 3.3-38)。如图 3.3-39 和图 3.3-40 所示,分别呈现冷光和暖光。

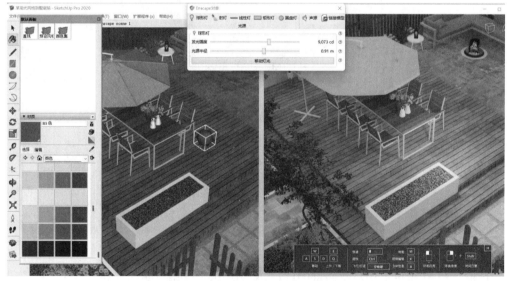

图 3.3-38　Enscape 球形灯颜色调整

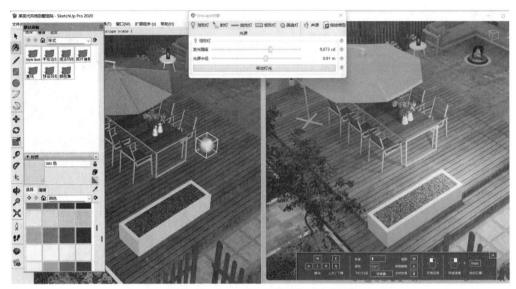

图 3.3-39　Enscape 球形灯冷色调整

图 3.3-40　Enscape 球形灯暖色调整

　　球形灯在 SketchUp 中具有组件的属性,复制后可关联调整颜色和亮度。想要设置具有不同参数的球形灯,需要重新在场景中创建。除了庭院空间,也可以为室内添加球形灯。

3.3.5.2　射灯

　　射灯的创建方式与球形灯基本一致,只是多了两个控制点,一个控制射灯的方向,另一个控制灯光的展开角度(图 3.3-41)。

图 3.3-41　Enscape 射灯创建

可以通过调节射灯的控制点来改变光束角度的大小,也可以通过 Beam Angle 滑块控制射灯的展开角度,图 3.3-42 和图 3.3-43 所示分别是调节至 90° 和 30° 的光束效果。

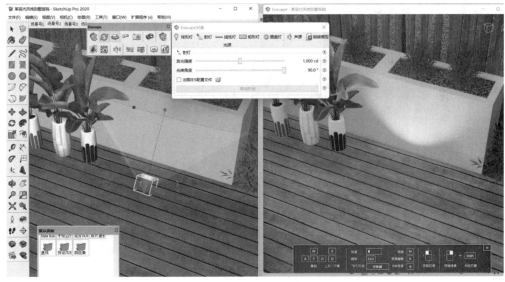

图 3.3-42　Enscape 射灯光束角度调整(90°)

图 3.3-43　Enscape 射灯光束角度调整（30°）

与球形灯一样，也可以通过调整材质的颜色调整射灯的色彩（图 3.3-44、图 3.3-45）。

图 3.3-44　Enscape 射灯颜色调整

图 3.3-45　Enscape 射灯颜色调整

　　射灯可载入 IES 格式的光域网灯光文件,使得射灯的光线和光效表现得更加真实(图 3.3-46)。

图 3.3-46　Enscape 光域网灯光文件载入

3.3.5.3　对象光源

在材质编辑器中赋予对象自发光属性,可以将 SketchUp 中的任意对象设置为发光体(图 3.3-47)。

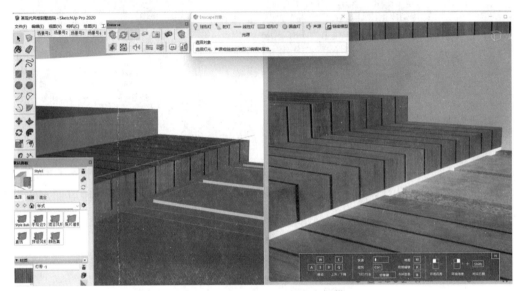

图 3.3-47　Enscape 自发光灯带

3.3.5.4　声源

声源可以将多种格式的声音文件添加到场景中,包括 wav、mp3、ogg、flac、au、raw。声源的添加方式与光源一样,选定添加位置之后会让用户选择声音文件,选好之后 SketchUp 场景中会出现一个喇叭图标,可以调整整体音量 Volume,完全音量的范围 FullVolume 在 SketchUp 中以红色圈显示,ZeroVolume 是绿色圈,越靠外声音越弱,超出绿色圈范围就完全听不到声音了。

如果添加好声源之后没有立即听到声音,可能是没有开启主工具栏中的声音按钮,开启之后在 Enscape 视窗里的同样位置会出现喇叭图标,此时就可以听到声音了。如果还没有声音,就检查一下音量和声音范围设置。

3.3.5.5　代理

在 Enscape 中添加代理物体非常方便,只要点击"Proxy"按钮,然后选择本地硬盘中的一个 SketchUp 格式的文件即可。代理模型可以是任何内容,花草树木、人物、成套的室内家具,甚至一部分工作模型,没有任何限制,用户可以尽情发挥想象力。载入后的代理物体只显示组件外框,不显示对象内容,所以代理物体不会占用 SketchUp 的任何模型量,从而实现了用最小的文件显示最复杂的物体对象。注意:在使用代理功能之前最好先对代理模型进行整理,将模型放置到原点附近,代理对象会包含源文件的坐标系统。

注意:代理模型的文件名和路径中不要有中文字符,否则会导致代理失败。在模型中用鼠标右键单击组件,弹出的菜单里有个 Enscape 专用命令 "Save as external model for Enscape",它可以把模型里的组件另存为硬盘中的模型文件,同时用组件框替代原有组件,这样既可以缩小模型,又不影响最终的渲染效果。

3.3.6　任务六: Enscape 的设置选项认知

Enscape 的设置内容并不复杂,并且所有设置功能都以拉杆的方式调整,无须输入任何参数,这样的设计让 Enscape 的学习、操作更加简单。根据设置内容的类型,Enscape 的设置选项划分为 7 个板块,所有面板的右下角都有 "Reset This Tab" 按钮,用于将该面板的所有参数恢复为缺省值。在 "General" 面板的左下角有个 "Reset All" 按钮,用于将全部设置恢复缺省设置。每个拉杆都可以在其上双击鼠标左键恢复该设置的缺省值。

3.3.6.1　常规面板

常规面板如图 3.3-48 所示。

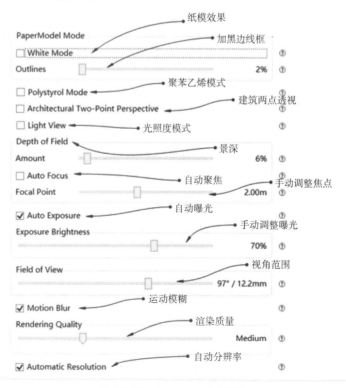

图 3.3-48　Enscape 常规面板

1)PaperModel Mode

纸模效果也称白模渲染,勾选后所有对象均以白色材质显示,向右调节 Outlines 滑块会以黑色线条显示对象的外框边线,类似 SketchUp 的效果,适合概念表现。

2)Polystyrol Mode

聚苯乙烯模式,聚苯乙烯是模型公司常用的模型制作原料,采用这种模式渲染出来的效果接近真实模型的效果,勾选后可以调整塑料的透明度。该效果适合概念表现。

3)Architectural Two-Point Perspective

建筑两点透视是建筑表现中常规的透视画法,它可以强制相机的高度视点与目标点水平,这样渲染出来的建筑不会倾斜。当主工具栏中的同步视图被激活时,此选项不能被勾选。

4)Light View

在光照度模式下,渲染效果呈现出光能的强弱,越热的地方颜色越趋向于红色,说明阳光照射越充足,越冷的地方颜色越趋向于蓝色。当取消勾选 "Automatic Scale"(自动比例)时,可以手动调整照度的显示比例区间。

5)Depth of Field

景深,相对于相机的焦点对象,景深越大,距离对象越远的物体越模糊。

6)Auto Focus

自动聚焦,当取消勾选自动聚焦时可以手动调整焦点与相机的距离。此功能常用于建筑漫游动画中,可以很好地引导观众的注意力。

7)Auto Exposure

自动曝光会根据当前所处位置的周边环境来调节画面的明暗,类似于人眼瞳孔的自动调节功能,可以自动适应环境的光量变化。比如,当用户从很亮的区域进入一个很暗的区域时,Enscape 能自动调节让画面变亮。这是一个非常实用的功能,建议开启。

8)Exposure Brightness

曝光亮度可以调节整个画面的明亮度,建议保持在中间值即可。

9)Field of View

视角范围可以调节相机的广角。当主工具栏中的同步视图被激活时,此选项不能被勾选,在 VR 模式下也会自动屏蔽该项。

10)Motion Blur

运动模糊,模拟相机快速运动时对象在镜头前产生的模糊效果,该选项在 VR 模式下会被自动屏蔽,在制作动画时建议关闭该选项。

11)Rendering Quality

渲染质量,更高的渲染质量意味着当镜头停止移动时画面有更长的渲染时间,建议平时使用中低等级,正式出图时换高等级。

12)Automatic Resolution

自动分辨率,可以根据显卡的性能自动调节屏幕的输出分辨率,以保证运行流畅,没有滞涩,如果取消勾选 Enscape 会使用 Windows 的分辨率。该选项对正式渲染图片、视频、全景和 VR 都没有影响。

3.3.6.2　大气面板

Enscape 使用自己的专利技术模拟了一个大气层及周边环境,包括自然界的日照、月光、云、雾及地平线远景,有了这套系统用户只需要简单地调整几个滑块和开关就能模拟出真实的周边环境,让渲染变得更真实(图 3.3-49)。

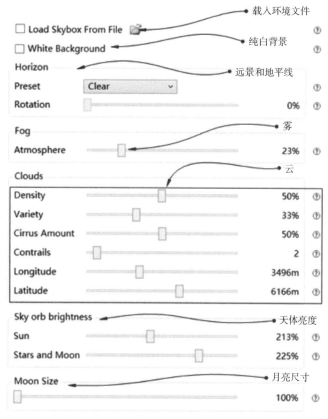

图 3.3-49　Enscape 大气面板

1)Load Skybox From File

载入环境文件,可以通过该项载入一张全景图片或者 HDRI(高动态范围图像),替换

Enscape 自身的天空、云及远景。勾选选项后 Enscape 自身的远景及云选项消失,可以通过调整 Rotation(旋转角度)来旋转这张背景贴图。如果用户有不错的 HDRI 贴图的话推荐使用这个功能,它能大大提升 Enscape 渲染的真实度。

2)Use brightest point as sun direction

使用最亮点作为太阳照射角,该功能只有在载入环境文件后才会出现。如果不勾选仍然可以在 Enscape 中调整时间,改变太阳及阴影的角度。勾选后可以完全准确地按 HDRI 的时间段显示当前的日照,但时间无法修改。

3)Normalize brightness

使用标准亮度,这个选项勾选后就可以使用 HDRI 的照明体系来照亮整个场景了,下方的滑块可以调整照明的亮度。

4)White Background

纯白背景,开启之后所有地面和天空都不显示,但不影响光照和物体的反射。

5)Horizon

远景和地平线,官方已经预制了一些背景,包括 Forest(树林)、Construction Site(施工工地)、Town(城镇)、Urban(城市)、White Cubes(白色体块)、White Ground(白色地面),使用这些背景可以增加环境氛围,有效地消除远景和地平线,并且它们对整个照明没有影响。

3.3.7　任务七:Enscape 的成果输出

Enscape 的输出面板(图 3.3-50)用于设置输出图片、视频和全景图时的各项参数,目前的版本无法对导出 exe 文件进行设置。

1)Resolution

分辨率,用于设置输出图像和视频的分辨率,最高可输出 8 k 的图像,即 8 192 px × 8 192 px。

2)Export Material-ID and Depth

输出材质和景深通道图,勾选后 Enscape 可一次输出 3 张图片,一张为正常渲染图,一张为材质通道图,一张为景深通道图,材质通道图和景深通道图均不含天空背景,方便后期在编辑软件中进一步加工。

3)Automatic Naming

勾选之后需要设置出图路径,这样以后输出渲染图时 Enscape 就不再询问文件保存路径了,并自动以时间标记为文件名进行保存。如果没有选择保存路径, Enscape 会自动将图片保存到系统图片文件夹。

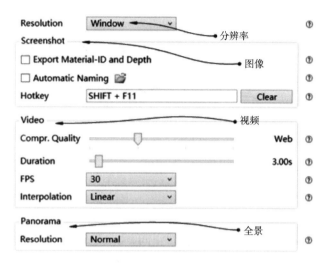

图 3.3-50　Enscape 输出面板

4）Hotkey

快捷键,可以设置出图的快捷键,这样就不需要每次都点击出图按钮,在项目后期需要大量出图时可以提升工作效率。

5）Video Compr. Quality

视频压缩质量,分为 4 个等级:邮件、网络、蓝光和顶级,高等级的质量会增大视频文件的尺寸,但不会影响视频输出的时间。

6）Duration

单镜头视频的时间长度,范围为 0.5~40 s。

7）FPS

帧速率,即视频每秒钟需要渲染的单帧张数,从 25 帧至 120 帧,帧数越多渲染时间就越长,但生成的视频就越平顺。

8）Interpolation

插值计算,用来改变相机的运动轨迹。Linear 为线性运动,相机在整个路径上匀速运动;Smooth 为平滑运动,相机在起点时会逐步加速,至终点前会逐步减速;Handycam 为模拟手持相机晃动的效果。

9）Panorama Resolution

全景图分辨率,该分辨率以全景图的高度为准,最低为 1 024 px,中级为 2 048 px,最高可设置为 4 096 px。

项目 3.4　小型场景——中式别墅庭院建模与渲染综合案例

【项目导言】

居住区以及别墅庭院都是人工化的自然空间,也是建筑室内空间的延伸。人们除了在室内空间活动外,还需在室外空间中呼吸新鲜空气、接受阳光抚慰、领略自然美,并进行聊天、散步、娱乐等日常休闲活动。庭院空间恰好为这些活动提供了理想的场所。与别墅配套的庭院属于业主的私有空间,大部分庭院是一个外边封闭而中心开敞的具有一定场所感和领域感的私密性空间。根据用户需求和设计手法,庭院景观具有不同的功能布局和风格特点。业主可以根据自己的喜好在庭院中布置各种园林绿化植物及景观小品。随着人们对生活品质的要求提高,在城市当中接近自然、享受生活的需求逐步上升以及不同类型别墅住宅产品的开发,别墅庭院景观也成为居住景观的重要组成部分。

【项目原始平面布置图】

项目原始平面布置图如图 3.4-1 所示。

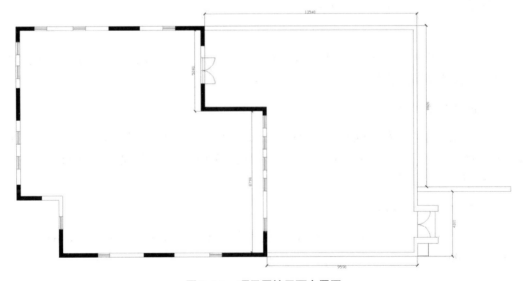

图 3.4-1　项目原始平面布置图

【项目描述】

项目地点:北方某地级市。

建筑面积:295 m²。

庭院面积:109.5 m²。

业主信息:男主 57 岁,公司财务主管;女主 55 岁,医生。庭院的日常使用以夫妇二人的使用需求和风格喜好为主。男主爱好:下棋、饮茶、画画、会友。女主爱好:阅读、养花、植蔬。

景观风格:简约中式风格。

【项目要求】

运用 SketchUp 完成简约中式风格庭院景观模型的创建和庭院方案效果图的绘制。

【项目实施】

> **设计与建模的步骤:**
>
> 在运用 SU 进行辅助建模、呈现三维场景的阶段,建模应有步骤地展开,循序渐进。下面将项目分解为 6 个任务模块——庭院入口与院墙组织、庭院铺装组织、庭院构筑物组织、庭院掇山理水组织、庭院植物绿化组织、庭院户外家具及灯具布置,依次讲解简约中式风格别墅庭院的设计与建模。需在一定的风格定位下整体把握色调与景观材料。

【项目景观平面布置图】

在进行场景建模前,运用 AtuoCAD 绘制项目景观平面布置图(图 3.4-2)。根据业主的需求确定主要功能布局并初步确定草图方案。与业主进一步沟通交流后,最终确定细致的平面布置图。

图 3.4-2　项目景观平面布置图

3.4.1　任务一:庭院入口与院墙组织

　　在具体的景观项目中,中式别墅庭院或新中式别墅庭院有更加细致的分类与定位。譬如,具有北京合院特点的中式别墅庭院、具有徽派特色的中式别墅庭院、具有苏州文人园特点的江南别墅庭院、改良并融合现代处理手法的新中式别墅庭院。应根据别墅庭院所处的环境、地理位置、气候条件、周边环境及住户的使用要求等因素进一步详细定位。

　　入口与院墙是体现中式别墅庭院风格的重要部分,在具体的使用和空间体验过程中也是首要而直观的视觉元素。例如,典型的中式别墅庭院入口多采用门楼的造型元素,具有标志性特点;采用具有一定造型特点和色调风格的实体院墙来围合院落,形成鲜明的领域和私密感。在通常情况下,北方中式别墅庭院的院墙多采用灰砖墙面、黄褐色系的石材墙面,门前置有石阶、抱鼓石等中式装饰元素(图 3.4-3);具有江南园林特色的别墅庭院则采用粉墙灰瓦的形式,设有漏窗、云墙、洞门等造型元素(图 3.4-4)。这里只是简要举例,以说明具体的景观项目应进一步考虑分类和定位。

图 3.4-3　现代中式庭院入户方案 1

图 3.4-4　现代中式庭院入户方案 2

在这一任务中,整体上采用别致、朴素而不失典雅的入户门楼以及具有方正布局特点的院墙,总体上以黑白灰为硬质景观方案的主色调(图 3.4-5、图 3.4-6)。

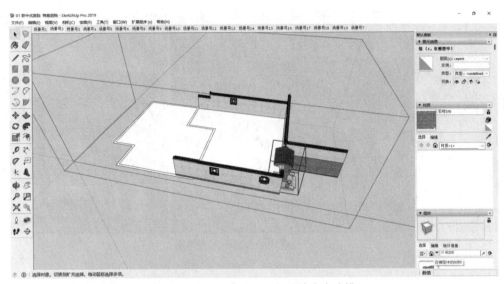

图 3.4-5 项目庭院入口与院墙方案建模

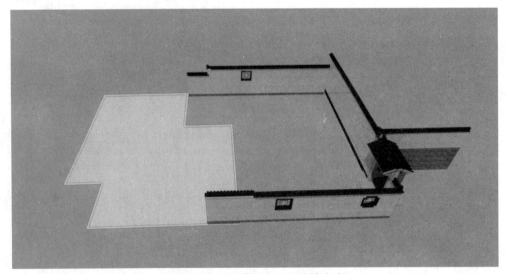

图 3.4-6 项目庭院入口与院墙方案

3.4.2 任务二:庭院铺装组织

在文化产业的大背景驱动下,东方传统文化得到倡导。中式庭院的铺装方案多借鉴传统中式园林的铺地色彩及材料,具有鲜明的文化特性(图 3.4-7)。中式庭院铺装样式丰富多样,每款都具有自身独有的特点以及更深层的文化寓意(图 3.4-8)。本任务整体采用素雅的黑白灰色调,主要园路采用青砖的小青砖,混凝土砖,黑麻、白麻、芝麻灰等花岗岩石材以及石板,白色鹅卵石,瓦片等北方常见铺地与铺装材料(图 3.4-9)。

图 3.4-7 中式庭院铺装细部

图 3.4-8 中式庭院整体铺装方案

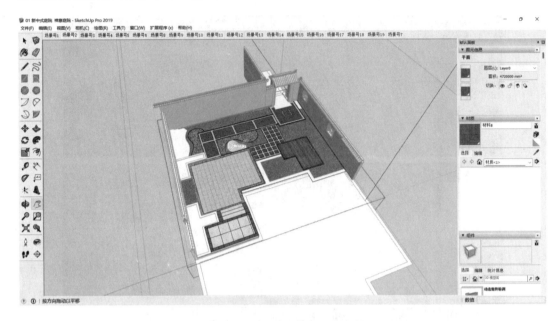

图 3.4-9　项目庭院铺装方案建模

　　本案的铺装组织在对传统园林铺装进行简化处理的基础上,注重局部图案和装饰纹样的选取。木质平台、花岗岩平台和白色卵石铺地相结合,为院落空间提供了两个主要的休憩与交谈的平台,为住户提供了合理、流畅的动线,创造了多种舒适界面的庭院体验(图 3.4-10、图 3.4-11)。

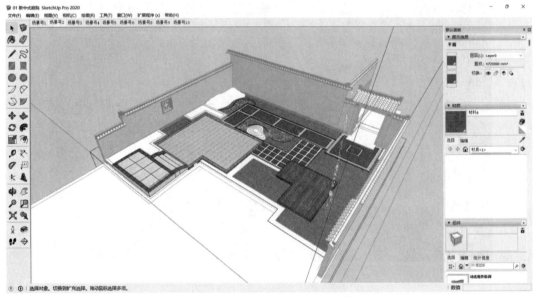

图 3.4-10　项目庭院铺装方案建模

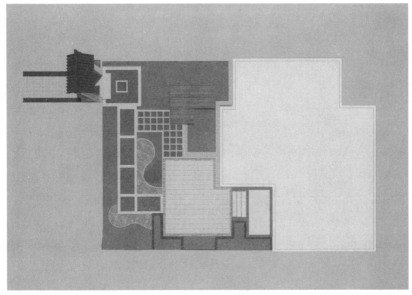

图 3.4-11　项目庭院铺装方案

3.4.3　任务三：庭院构筑物组织

　　构筑物是庭院景观的重要构成部分。传统园林中有多种多样的景观建筑和景观构筑物，例如亭台楼榭等，它们一方面可以供住户休憩、游玩、赏景，另一方面在组织景观的过程中起到视觉美感和引导视线的作用，构成画龙点睛的视觉焦点或者参与框景、漏景等构图作用（图 3.4-12、图 3.4-13）。在当代城市的别墅庭院空间中要适当进行取舍，并结合庭院面积进行合理设计和安排。

图 3.4-12　现代中式庭院构筑物 1

图 3.4-13　现代中式庭院构筑物 2

　　在本任务中,在入户空间设置具有圆形漏窗的中式景墙。一方面运用中式园林中的"障景"对木质休闲平台起到含蓄的"隔"的作用;另一方面结合山石和植物景观起到框景和漏景的作用,形成入户小景之一(图 3.4-14)。

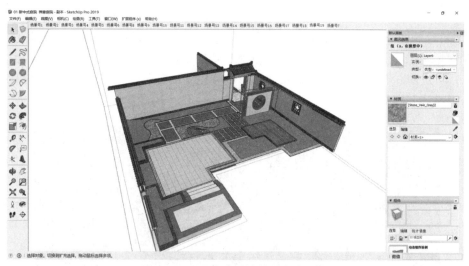

图 3.4-14　项目庭院构筑物方案建模

3.4.4　任务四:庭院掇山理水组织

　　掇山和理水是中国传统园林中最具特色的精华元素之一,体现了传统的山水文化和思想(图 3.4-15)。

图 3.4-15　现代中式庭院石景方案

　　本任务分别在庭院中心造景区、绿植园圃区和入户景墙三个区域设置山石和置石造型。庭院中心的微景观设置低矮的卧石,绿植园圃区采用具有湖石立面造型特点的湖石或灵璧石,景墙框景区域选用具有笋石特点的景观石。置石的选择与布局总体上兼具南北方园林的特点。尊重北方的气候与环境特点,增大绿地和铺地面积,弱化水景元素(图 3.4-16、图 3.4-17)。

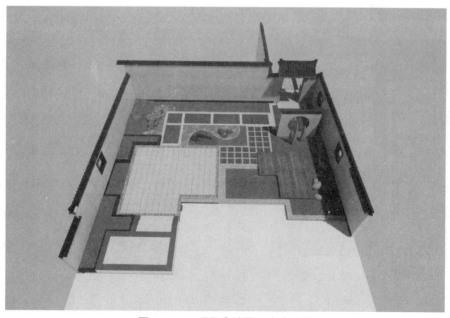

图 3.4-16　项目庭院置石方案建模

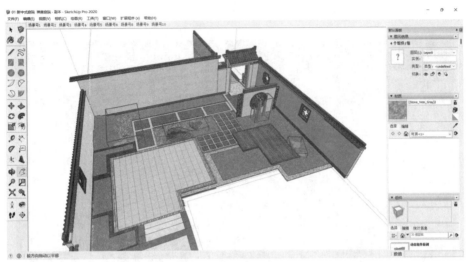

图 3.4-17　项目庭院置石方案

3.4.5　任务五:庭院植物绿化组织

　　中国传统园林中的植物配置别具匠心,常与诗词文化结合,具有常用的园林植物搭配。春英,夏荫,秋实,冬骨,传统植物配置注重季节的四时枯荣与季相变化,常见的园林庭院植物往往蕴含着深厚的比德思想内涵(图 3.4-18、图 3.4-19)。

图 3.4-18　现代中式庭院植物造景 1

图 3.4-19　现代中式庭院植物造景 2

本任务中的小型乔木主要采用翠竹、铁树和矮松,灌木采用海桐球、小叶黄杨、山茶花、南天竺,地被植物选择地兰、绣球、小叶杜鹃以及芒草。在季相变化中保持常绿的植物造景元素,另外点缀花灌,增加和补充色彩的变化(图 3.4-20~图 3.4-22)。

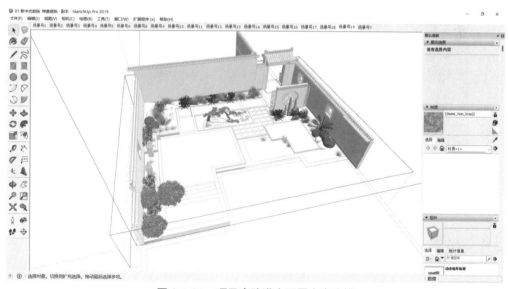

图 3.4-20　项目庭院灌木配置方案建模

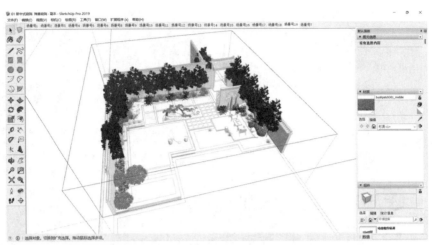

图 3.4-21　项目庭院乔木配置方案建模

图 3.4-22　项目庭院植物配置方案

3.4.6　任务六:庭院户外家具及灯具组织

庭院空间是一种美好生活的体现,讲求闲逸、舒适、视觉感官的美以及主人的思想境界、审美情趣等。同类别与风格的庭院应根据不同的功能和场景需求与植物、铺装、水景等设计要素相配合,兼具观赏性、功能性,体现文化内涵,彰显风格。

中式庭院的布置离不开坐具的陈设,陈继儒在《小窗幽记》里描绘的"宠辱不惊,闲看庭前花开花落;去留无意,漫随天外云卷云舒"正是庭院中悠闲生活的写照。中式庭院里常见的坐具为具有传统样式风格的家具,譬如圈椅、官帽椅、藤椅、绣墩、交杌、石凳等(图 3.4-23、图 3.4-24)。

图 3.4-23 现代中式庭院家具组织 1

图 3.4-24 现代中式庭院家具组织 2

庭院景致通过景观与植物的精心搭配及塑造,在白天极具观赏性。然而如果庭院景致只能白天欣赏,不免可惜。因此,如何将庭院景致在夜间更好地呈现出来显得尤为重要。为使漂亮的庭院景致在夜间也不失色,需要通过灯光设计将庭院的夜间景致恰如其分地呈现出来。同时,还要注意安全性,如庭院中的道路、障碍物、转角处的照明等。也就是说,庭院夜间景观的灯光设计也是庭院景观不可或缺的部分（图 3.4-25）。

图 3.4-25　现代中式庭院灯具组织

　　根据现代人的居住生活习惯和住户的使用习惯,本任务在户外家具的设置上兼顾传统和现代,保留了传统园林中的石桌和石凳元素,在木质平台区域设计和布置了相对亲近舒适的亚麻布艺沙发座面及木质座椅（图 3.4-26~图 3.4-28）。

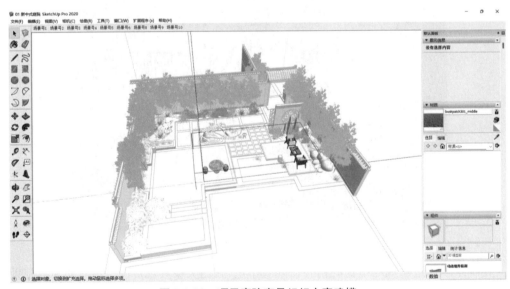

图 3.4-26　项目庭院家具组织方案建模

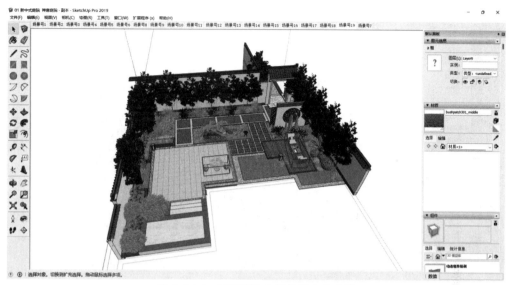

图 3.4-27　项目庭院家具组织方案建模

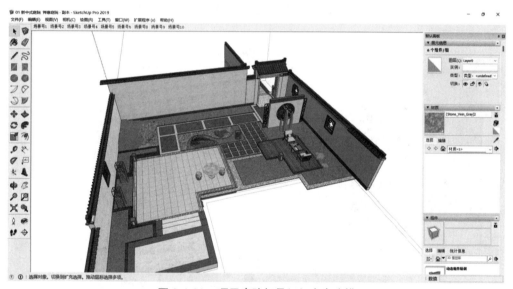

图 3.4-28　项目庭院灯具组织方案建模

3.4.7　任务七:方案场景渲染

经过 6 个主要任务的模型设计与制作后,检查模型场景,通过"视图"菜单中的"动画""添加场景"。已添加场景的编号显示在模型窗口的上端(图 3.4-29)。

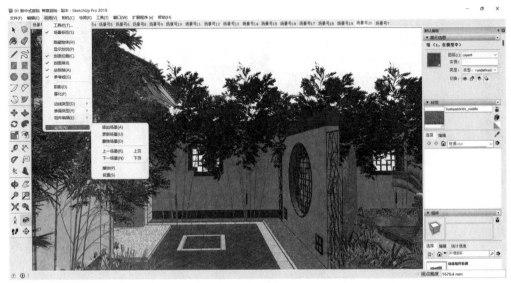

图 3.4-29　添加动画场景

通过"视图"菜单里的"工具栏"调出关于 Enscape 的工具选项（图 3.4-30）。

图 3.4-30　调取 Enscape 工具选项

点击主工具栏中的第一个按钮，启动 Enscape（图 3.4-31）。

图 3.4-31　启动 Enscape

　　点击主工具栏中的"管理视图"按钮,出现列有 SketchUp 场景号的面板,点击场景号右侧的星号,将 SketchUp 模型中的场景号同步显示在 Enscape 的场景视图中。被收藏的场景号出现在 Enscape 场景视图右侧的快捷导航栏中。查看和浏览 Enscape 场景,需要调整的局部元素可以返回 SketchUp 模型空间进行修改,修改结束后点击"同步更新"。

　　调出 Enscape 材质编辑器,对场景中主要的材质类型进行调整和参数设置(图 3.4-32)。打开"Enscape 对象"面板,根据场景中的人工光源适度补充场景照明(图 3.4-33)。

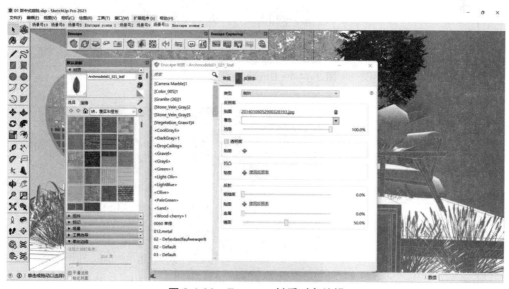

图 3.4-32　Enscape 材质对象编辑

　　打开 Enscape 渲染器的"视觉设置"面板(图 3.4-34),分别调整"渲染设置""图像设置""环境设置""Sky""输出设置"(图 3.4-35),设置渲染参数。

图 3.4-33　Enscape 光源对象编辑

图 3.4-34　Enscape 视觉设置

图 3.4-35　Enscape 输出设置

选择要渲染的场景,渲染并导出图像。

【实施成果】

实施成果如图 3.4-36~图 3.4-40 所示。

图 3.4-36　中式别墅庭院项目效果图 1——入口与景墙区域

图 3.4-37　中式别墅庭院项目效果图 2——中庭区域

图 3.4-38　中式别墅庭院项目效果图 3——休闲平台区域

图 3.4-39　中式别墅庭院项目效果图 4——休闲平台区域

图 3.4-40　中式别墅庭院项目效果图 5——中庭区域

项目 3.5　小型场景——现代别墅庭院建模 与渲染综合案例

【项目导言】

庭院具有不同的景观风格,每种风格都有其独特的魅力。简约大方的现代风格庭院是别墅庭院中常见的一类。这类庭院主要通过使用新的装饰材料、加入简单抽象的元素、对比大胆的景观艺术品和色彩等,突出庭院的简洁以及超前的时尚感。简约的现代庭院更加注重功能,从功能性出发,围绕现代人的使用需求展开布局,注重合理分区。优秀景观设计师设计的现代庭院在让业主感受到舒适的同时,还给人创造出一种疏朗、明快的体验,与现代都市生活相契合。

【项目原始平面布置图】

项目原始平面布置图如图 3.5-1 所示。

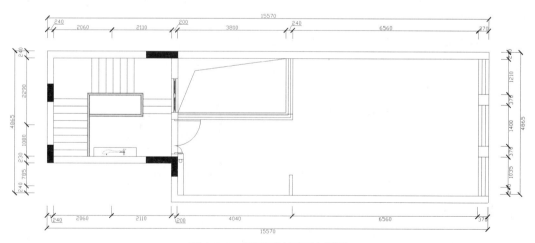

图 3.5-1　项目原始平面布置图

【项目描述】

　　项目地点:南方某省会城市。

　　庭院面积:47 m²。

　　业主信息:男主 37 岁,从事金融业;女主 34 岁,就职于企业人事管理部门。业主为年轻夫妇,庭院功能布局以夫妇二人的使用需求和风格喜好为主。

　　景观风格:现代风格。

【项目要求】

　　运用 SketchUp 完成现代风格庭院景观模型的创建和庭院方案效果图的绘制。

【项目实施】

　　设计与建模的步骤:

　　运用 CAD 绘制平面布局图,导入 SketchUp,在运用 SU 进行辅助建模、呈现三维场景的阶段,应注意建模过程要有的放矢、循序渐进。下面将项目分解为 5 个任务模块——庭院入口与院墙组织、庭院构筑物组织、庭院铺装组织、庭院植物绿化组织、庭院户外家具及灯具布置,依次讲解现代风格别墅庭院的设计与建模。另外,水景组织也是现代风格庭院的重要组成部分。需在一定的风格定位下整体把握色调与景观材料。

　　在进行场景建模之前,运用 CAD 绘制项目景观平面布置图(图 3.5-2)。

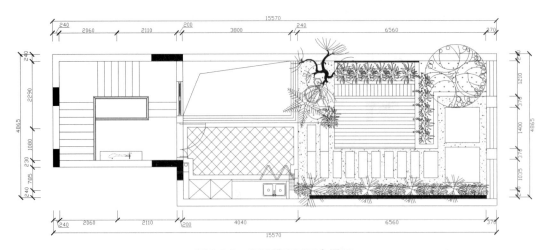

图 3.5-2　项目景观平面布置图

3.5.1　任务一:庭院入口与院墙组织

现代主义风格体现的是一种简约之美,追求自由、奔放和大气。简约的现代庭院更加注重功能,从功能性出发,创造出疏朗、明快、舒适的居住与生活体验。入口与院墙是现代风格别墅庭院的重要组成部分,在具体的使用和空间体验过程中也是首要的视觉元素(图 3.5-3、图 3.5-4)。相对于自然风格的院墙,现代风格的院墙造型简洁、规整,界面讲究整体、利落,打理也相对简单,贴合国内大部分的别墅风格,也更符合多数业主对院墙的要求。在材质上多数选择花岗岩石材、防腐木以及金属等少量装饰元素。追求更加现代、个性的风格时,可采用木质材料以及光面混凝土墙,设计的院墙更具时尚科技感。院墙根据立面围合形式通常分为两种:封闭式院墙与开放式院墙。现代风格庭院较多采用高度适宜的封闭式院墙,在具有一定的私密性的同时,可提供尺度适宜的立面效果。也可采用封闭与开放相结合的方式,根据使用需求和布局功能形成视线的遮挡与通透变化,形成一定的空间层次(图 3.5-5)。

图 3.5-3　现代风格庭院入口与院墙 1

图 3.5-4　现代风格庭院入口与院墙 2

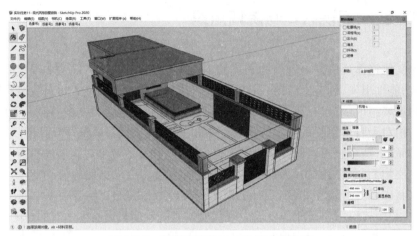

图 3.5-5　项目庭院入口与院墙方案建模

3.5.2　任务二:庭院构筑物组织

　　构筑物是庭院景观的重要构成部分。现代风格的庭院常常具有造型简洁明快、注重现代人使用习惯和需求的构筑物,譬如户外泳池、庭院水池、休闲廊架、防腐木平台、种植池与树池等。另外,现代风格的庭院构筑物非常注意材料的选用,一般选用大方、明快、利落或沉稳的色调(图 3.5-6)。

　　现代风格庭院中的构筑物往往与功能分区有机结合,从而参与和塑造庭院空间,譬如兼具植物配置和划分空间作用的种植池、为室外活动及聚会聚餐空间提供遮阴作用的景观廊架、为庭院空间增色的水幕墙和水池、设有壁挂植物装饰的墙壁等。在造型上应与整体风格统一,去除过多的装饰,材料的选择注重色调的简洁明快或沉稳大气(图 3.5-7)。

图 3.5-6　现代风格庭院构筑物

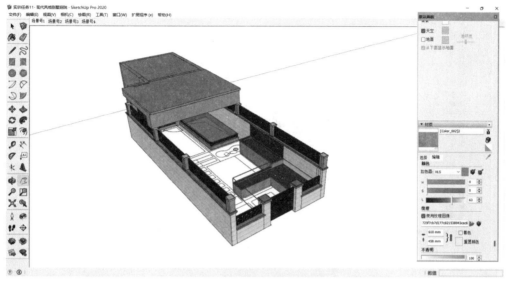

图 3.5-7　项目庭院构筑物方案建模

3.5.3　任务三:庭院铺装组织

　　现代风格庭院的铺装多利用天然石材、花岗岩块材、鹅卵石、雨花石或砾石、防腐木材、素混凝土、清水混凝土等现代景观材料(图 3.5-8)。色调在黑白灰的基础上倾向于明亮的暖色或局部搭配沉稳的暗色调。灵活布局与整体统一相结合(图 3.5-9)。

图 3.5-8　现代风格庭院铺装组织

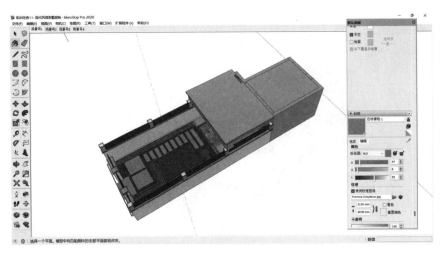

图 3.5-9　项目庭院铺装方案建模

3.5.4　任务四：庭院植物绿化组织

　　现代风格的庭院更加适应当代社会快节奏的生活,在设计上比较注重实用性,摒弃了复杂的设计。植物配置在庭院设计中虽然占比较低,但同样很重要。现代风格庭院植物配置以简洁的线条、简便的维护和易于养护的造型植物为特色,植物配置的层次较少,在视觉上的色彩冲击并不强烈,相对较为整体。草坪常常成为现代庭院中的主体,配合大树和少量花草;观赏草类应用较多,结合大胆的几何造型、光滑的质地和简洁的植被,来创造富有戏剧性结构和特性的庭院。常用庭院乔木有香樟、棕榈、梧桐、银杏、紫薇、桂树、青竹等。常用花灌木有彩叶草、紫叶狼尾草、粉黛乱子草、金边黄杨、小叶女贞、四季秋海棠等(图 3.5-10、图 3.5-11)。

图 3.5-10　现代风格庭院植物配置

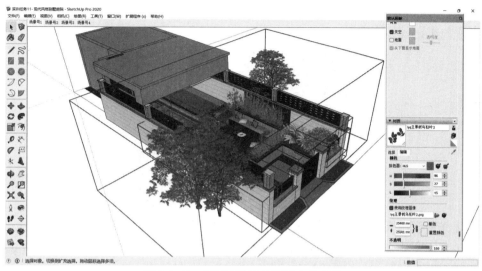

图 3.5-11　项目庭院植物配置方案建模

3.5.5　任务五:庭院户外家具及灯具布置

庭院家具主要指用于庭院户外或半户外的家具,除了具备功能性外,还兼有观赏性,在庭院中有重要的作用。现在庭院中运用得较多的家具有座椅、沙发、桌椅、洗手盆、遮阳伞、秋千等。庭院家具与室内家具有很大的差别。庭院家具的选择应注意家具的性能是否适合用在庭院中,尽量选择不怕水、耐阳光、容易保养的家具,材质要美观大方。根据庭院活动区、餐饮区、赏景区等不同区域的需求,选择户外沙发座椅、休闲躺椅和六人位户外餐桌等不同类型的室外家具,满足日常用餐及休憩需求。庭院家具的款式要与庭院中的其他物品、风景相匹配,相协调,风格与布景统一。庭院家具的坐垫应选择抗霉、耐阳光晒、不容易撕裂、不吸水的快干材质(图 3.5-12)。

图 3.5-12　现代风格庭院户外家具布置

庭院灯光布局应注意主体光与辅助光的区别与结合,总体上要综合考虑主体光、辅助光与背景光(图 3.5-13)。

图 3.5-13　现代风格庭院户外灯具布置

主体光通常用来照亮场景中的主要对象与其周围的区域,并给主要对象做投影。主要的明暗关系由主体光决定,包括投影的方向。辅助光用来填充阴影区以及被主体光遗漏的场景区域,调和明暗区域之间的反差,同时能形成景深与层次。由于要达到柔和照明的效果,通常辅助光的亮度只有主体光的 50%~80%。背景光的作用是增加背景的亮度,从而衬托主体对象,并使主体对象与背景相分离。背景光一般使用泛光灯,亮度宜暗,不可太亮。

另外,庭院景观灯光设计要注意不同的照明区域,主要分为水景灯光、植物灯光、园路与台阶照明、庭院入口照明。水景灯光不需要太亮,而应更具艺术创意设计,提高观赏性,营造水景光环境氛围。灯具可以选择体积小、造型特别、隐藏性好的 LED 灯,如水下灯、装饰灯、音乐喷泉灯、装饰头饰等。

植物投光灯一般分为草坪灯和树木投光灯两种类型,在庭院中使用可以营造美好的夜间环境气氛,但是也要注意根据环境合理使用,防止过多或过亮而破坏整体氛围。

庭院道路与台阶的灯光设计主要目的是保证夜晚行走的安全性。一般使用样灯或低矮的迷你射灯,也可安装凹陷的铺路灯,将光照射在路上或甲板的边缘,不仅可以照明道路,还美观。庭院入口灯光根据入口条件设计,可以选择柱头灯,也可以在门内安装普通的灯。灯具可以选择低能耗的灯泡或者 LED 灯、靠近就自动亮起的感应型灯具、定时开关的灯具(图 3.5-14)。

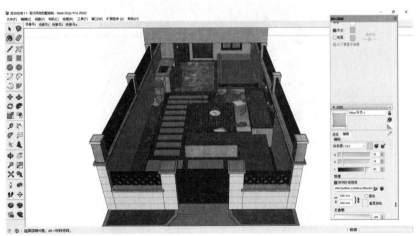

图 3.5-14　项目庭院户外家具与灯具方案建模

根据现代人的居住生活习惯和住户的使用习惯,本任务在户外家具的设置上选用现代家具,在木质休闲平台区域设计柔软的布艺沙发座面及座椅。灯具主要采用地灯、洗墙灯和LED 灯。

3.5.6　任务六:方案场景渲染

经过 5 个主要任务的模型设计与制作后,检查模型场景,通过"视图"菜单中的"动画""添加场景"。已添加场景的编号显示在模型窗口的上端。

通过"视图"菜单里的"工具栏"调出关于 Enscape 的工具选项(图 3.5-15)。

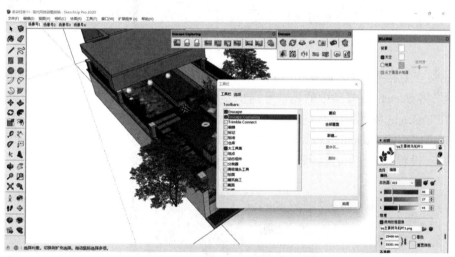

图 3.5-15　调取 Enscape 工具选项

点击主工具栏中的第一个按钮,启动 Enscape(图 3.5-16、图 3.5-17)。

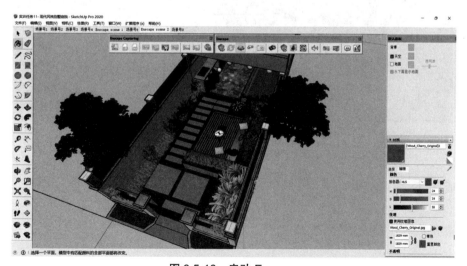

图 3.5-16　启动 Enscape

图 3.5-17　Enscape 程序

　　点击主工具栏中的"管理视图"按钮,出现列有 SketchUp 场景号的面板,点击场景号右侧的星号,将 SketchUp 模型中的场景号同步显示在 Enscape 的场景视图中。被收藏的场景号出现在 Enscape 场景视图右侧的快捷导航栏中。查看和浏览 Enscape 场景,需要调整的局部元素可以返回 SketchUp 模型空间进行修改,修改结束后点击"同步更新"。通过"视觉设置"面板,设置渲染参数,选择要渲染的场景,渲染并导出图像(图 3.5-18)。

图 3.5-18　管理和渲染 Enscape 场景

【实施成果】

　　实施成果如图 3.5-19~图 3.5-22 所示。

图 3.5-19　现代别墅庭院项目效果图 1——休闲平台

图 3.5-20　现代别墅庭院项目效果图 2——花径

图 3.5-21 现代别墅庭院项目效果图 3——休闲座椅

图 3.5-22 现代别墅庭院项目效果图 4——鸟瞰图

项目 3.6　中型场景——城市广场建模与渲染综合案例

【项目导言】

随着人类社会进程及人类生活需求的发展,公众对城市空间品质提出了更高的要求。城市广场作为重要的公共活动场所,在城市中的地位越来越重要,空间组织形式及造景元素越来越新颖。经过一定的理论研究与实践积累,形成了丰富的设计方法和多样的城市广场类型。对城市广场类型,历来有多样的分类方法。城市规划和建筑设计学者大多按空间形态进行分类,如保罗·祖克尔(Paul Zucker)将城市广场分为封闭广场、控制广场、核心广场、组合广场、无形广场等;中国学者蔡永洁将城市广场分为伸展式广场、集中式广场、环形广场、组合广场、碎形广场等。我国的《城市道路设计规范》简单地将城市广场分为公共活动广场、集散广场、交通广场、纪念性广场、商业广场 5 类,这是按使用功能对城市广场进行分类的方法。现代城市广场越来越趋于向综合性方向发展,分类的准确性就更加难以把握。考虑到人在城市广场中的重要地位以及人们活动的类型化特征,城市广场大致可以分为仪式性广场、交通性广场、商业性广场、休闲性广场、复合性广场等。下面以一个中小型城市广场为例,以项目任务为驱动,呈现景观效果图绘图员的基本工作流程。

【项目原始平面布置图】

项目原始平面布置图如图 3.6-1 所示。

【项目描述】

某省域副中心城市市区,场地由城市现有市政道路与场地原有建筑围合而成,周边地块以日常办公、小型商场、零售商业为主,广场周边以 4~12 层办公建筑及 2~3 层沿街服务商业建筑为主。

设计范围面积:约 7 600 m²。

景观风格:简约、明快、绿色、现代风格。

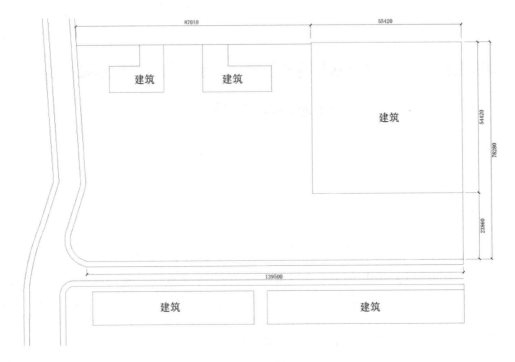

图 3.6-1　项目原始平面布置图

【项目要求】

根据初步的平面布置方案,运用 SketchUp 完成城市广场的整体场景建模与效果图绘制。

【项目实施】

对城市广场的设计、后期的方案建模及效果图渲染制作,应首先明确设计范围,对地块所在的区域位置、场地与周边的空间关系、基本空间形态特征、使用人群需求、功能定位等方面进行分析和梳理,景观效果图绘图员配合方案设计师确定基本的功能定位与空间形态组织策略,确定整体风格与景观意向、场所氛围。在此基础上进一步对城市广场的入口与边界空间组织、城市广场的道路与铺装组织、城市广场的植物绿化组织、城市广场的水景组织、城市广场的家具组织、城市广场的小品与照明灯具组织等分项进行详细设计和场景建模。

在具体的设计环境和工作环节当中,进行具体的分项设计与建模之前,主案设计师或项目小组先对设计任务进行解读,包括与甲方(设计委托方)沟通、了解其基本需求等,对场地进行实地踏勘、调研分析,对地块所在的区域位置、场地与周边的空间关系、场地尺度、基本空间形态特征、使用人群需求、功能定位等方面进行分析和梳理,通过手绘草图和 CAD 软件制图的方式逐步确定方案整体平面,然后进入三维场景建模与效果图绘制过程。其流程大致可概括为:设计任务解读阶段→场地调研与分析阶段→方案草图阶段→CAD 方案平面布置阶段→三维场景建模阶段→模型论证调整阶段→效果图输出制作阶段。在需要对方案进行快速设计和表现时,结合方案手绘草图,将项目原始平面布置图导入 SketchUp,可进行快速构图和快速建模。下面结合城市广场空间基本的设计方法和原理,分 6 个任务进行过程呈现。

3.6.1　任务一:城市广场整体形态组织

城市广场场地导入 SketchUp 后,应先对场地周边的城市交通道路和建筑进行简要梳理和表达,推拉出主要体块,体现出城市广场与周边环境的空间关系(图 3.6-2、图 3.6-3)。

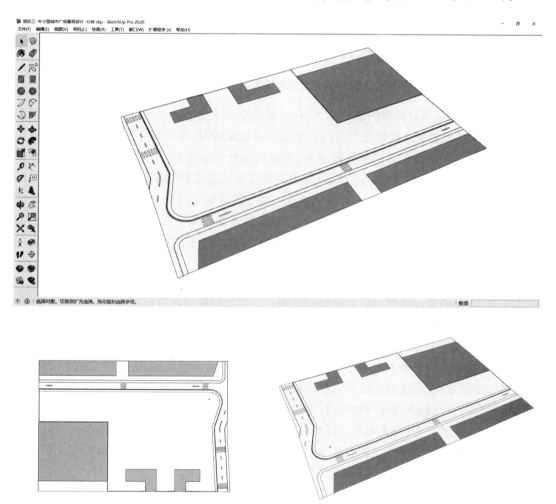

图 3.6-2　城市广场场地导入 SketchUp

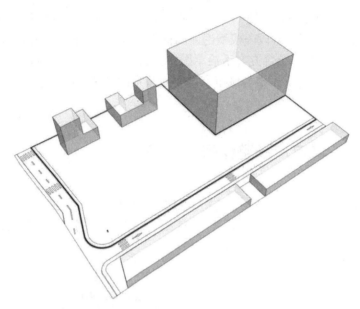

图 3.6-3　城市广场与周边环境的空间关系

　　空间和形态是不可拆解的统一体，没有形态的空间无法被感知。一般而言，空间的形态越简单，表现力就越强。当形态与空间的平衡是非稳定的时，形被划分得越细、色彩越多、表面凹凸得越厉害，场地包含的信息就越多，空间就越受形的主宰而失去完整性。相反，如果形的塑造较为克制，空间以及在空间里发生的事件就成为感知的主角。所以，清晰、有序的广场空间形态对感知非常有利。城市广场这一类型的景观空间更是典型。柯布西耶认为原形是最清楚的形，因为我们的眼睛是被上帝创造出来在光线下观看形的：光和阴影烘托出形，立方体、圆锥体、球体、柱体以及金字塔都是光能显现出来的伟大的原形，它们看上去纯净、明确、可以把握。因此，它们是最美丽的形。

　　这些原形在二维的层面上看就是正方形、圆形和三角形，它们可以被看成广场的基础性形态元素，由它们可以演绎出所有可能的类型。克里尔曾经对此进行过相当系统的研究，以这三种原形为基础通过发展变化得到城市空间的不同类型。这种变化手段看来是万能的，具体方法是：每种原形可以通过转折、切断、叠加、穿过、变异这 5 种物理性的外界干预方式产生变形；这 3 个原形及其 5 个变种可以演变为规则的或不规则的；由此得出的 36 种基本形可通过角度变化、长度变化以及角度和长度同时变化而改变，由此可以得出所有能够想象到的广场形态。在形态设计与构图时，可以将广场的基本形态概括为正方形、矩形、圆形、三角形、梯形这几种形态；构成形态的线型可分为常见的直线、折线、曲线。随着当代设计的发展，构图也不限于以上这些经典的基本形态，出现了流线型、异形、参数化等新形态。但不管是新潮流还是经典模式，设计师都需要对基本形态有基本的认知。

　　另外，空间和形态是相辅相成的。平面布局形态和构图的整体处理应与广场所要营造的主体空间、子空间以及空间之间的序列相关联。譬如，空间直接相联是两个广场空间直接融合，或街道在急剧转折部位直接衔接。空间与空间的交接处常常有空间重叠的现象，相互间没有明确的界限，也没有过渡性空间处理，整个序列几乎可以作为一个不规则的复合空间形态来看待,是非常紧凑的组合方式。这种组合方式的特点是从一个空间单元到另一个空间单元的变化不明显,空间的整体性强。譬如,意大利威尼斯的圣马可广场事实上就是一个广场序列,它由两个不同大小的梯形广场组成,以过渡方式组合而成的广场或街道序列不存在空间重叠的现象,也没有空间单元并置,因此这些空间单元不具有共同的边界。在以过渡方式组合而成的广场序列中,每个空间单元都具有相对独立和完整的特性,是一种相对松散的组合方式。我们也可以赋予具有一定面积的广场空间不同的功能属性和子空间特点。城市广场整体形态组织举例如图 3.6-4 和图 3.6-5 所示。本案城市广场整体形态组织如图 3.6-6 和图 3.6-7 所示。

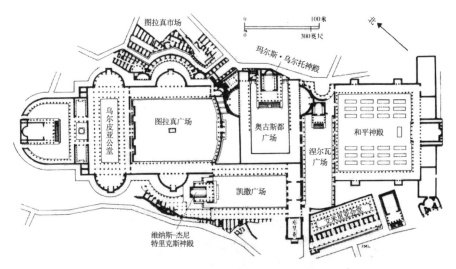

图 3.6-4　城市广场整体形态组织 1(古罗马广场)

图 3.6-5　城市广场整体形态组织 2(广州无限极广场)

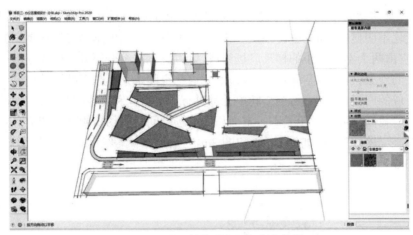

图 3.6-6   项目整体形态组织方案建模

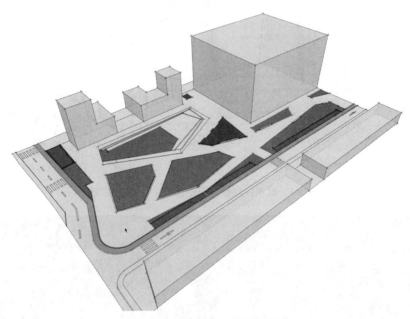

图 3.6-7   项目整体形态组织方案

3.6.2   任务二:城市广场入口与边界空间组织

广场边界即对城市广场空间周边及亚空间进行划分和限定的空间要素,由一系列的实体元素组成,它可以是连续的,也可以是间断的。

在传统意义上,古典的广场是四周有建筑物围合的、看似封闭的空间,譬如古希腊、古罗马乃至文艺复兴时期的欧洲城市广场。这样的布局在对广场内部空间进行有效约束的同时,也为阻隔外界干扰提供了方便。院落式广场通常具有某种象征性意义,所以古希腊的大会场和古罗马的集会广场等多数采用这种空间形式。随着时间的推移,广场的概念也发生了变化,四周未必有建筑物紧密围合,空间形式也从传统的封闭性走向开敞化。广场的边界元素趋向多元化,新型的空间组织及造景元素逐渐取代了传统的城市广场形式。现当代的广场设计放弃了原有的只有硬质地面及纪念性构件的单一模式,将雕塑、照明设施、绿化、水景、座椅等一系列设施列于其中,使广场空间更加丰富,为整个城市增添了艺术效果。

　　边界是对无限定空间进行划分和限定空间的要素,它以隔断性为主要特点,内容包括河岸、路堑、围墙、市政道路等不可穿越的障碍,也包括树篱、台阶、地面质感等示意性的可穿越的边界。边界能够在二维和三维空间中限定和围合空间。有空间限定需要时就会出现边界,分隔此空间与彼空间。边界的限定是区域具备完整性的前提条件。如果没有边界,领域感也会随之消失。现代城市广场的边界形式和处理方式可以灵活运用。边界的构成可以不同,这种差异赋予空间完全不同的性格:高或低、封闭或者通透、完全开放、均质、平坦、肌理化、具有重点。边界并非始终与广场或街道的边沿界限完全重合,可以位于空间内或外,以形成对广场或街道空间的围合,影响或干扰视觉效果。边界对空间的围合性及方向都有着重大影响。

　　城市广场的边界与入口的设计通常是虚实结合、相辅相成的,形成了开合有序的空间外围序列。城市广场的入口形态可以采取多种构图形式,要与广场的整体构图形态有效连接、和谐统一。入口的面积、数量、位置要与场地的人行流线结合,尺度与面积要与人流量及场地服务人群相协调。城市广场的边界与入口应将水平元素和垂直元素结合起来考虑。入口的处理和塑造往往影响着使用者的第一观感(图 3.6-8~图 3.6-10)。

图 3.6-8　城市广场入口与边界组织 1(圣彼得广场)

图 3.6-9　城市广场入口与边界组织 2(墨尔本 Prahran 广场)

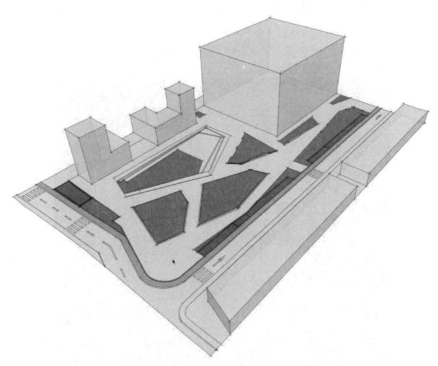

图 3.6-10　项目入口与边界组织方案

3.6.3　任务三:城市广场道路与铺装组织

　　广场地面设计的重要细节是铺装,它是实现地面形态和肌理的主要手段,也是形成空间场域的最主要界面。由于使用特点不同,相较于公园绿地等城市景观,城市广场的硬质界面比重要高一些。铺装设计是在立体的城市环境中研究平面构成的问题,需要对构成地面视觉元素的实体材料有比较充分的理解和认识。如何使构筑物与铺装相协调也是非常重要的问题。材料的选定是铺装创意中的重要环节,应该充分了解材料使用的可能性及材料允许使用的条件。

　　在进行铺装设计时,理解铺装的目的非常重要。要根据铺装使用者的人流量、对利用形式的预测、行人行走的速度、交通量、主要使用者(如是否以儿童为主要使用者等)、周边环境等条件确定铺装设计定位。铺装设计不但要考虑视觉效果和界面品质的问题,还应考虑非常实际的因素。譬如,广场和街道是仅供步行者使用,还是同时作为停车场使用,是否有轻型货运车通过,维护管理绿地、树木的车辆能否进入等。铺装要根据交通种类进行周密的研究,然后才能确定荷重、铺装材料的必要厚度等。应对铺装场所的地形、地质、地下水位等进行详细的调查和实验,明确当地的气象条件、自然环境特点。铺装的表面材料要在铺装面创意设计的基础上确定,因此一定要熟悉材料的质感、形状、色彩、施工方法(图 3.6-11~图 3.6-13)。

图 3.6-11　城市广场道路与铺装组织 1(锡耶纳坎波广场)

图 3.6-12　城市广场道路与铺装组织 2（某现代广场）

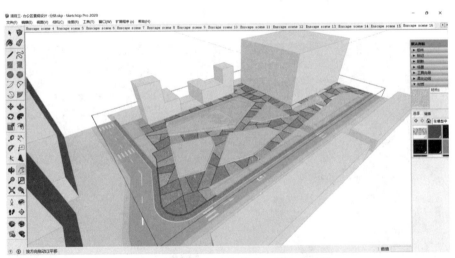

图 3.6-13　项目道路与铺装组织方案建模

3.6.4　任务四：城市广场植物绿化组织

绿色空间是城市生态环境的基本空间之一，它使人们能够在有限的环境里重新认识大自然，拥抱大自然，补偿工业化时代和高密度开发对环境的伤害，以强调环境对人的养成习惯作用。绿化具有自然生长的形态和色彩，经过人工修整的树形和人工配置的植物景观更具有人文色彩。植物景观可同时具备生态、经济价值、艺术效果和功能含义等方面的属性。

作为软质景观,绿化是城市空间的柔化剂,是对硬质界面的有效补充。在现代城市中高层建筑鳞次栉比,街道与建筑密度高,而植物绿化的自然生态感和屏蔽作用可以减弱都市丛林给人的压迫感。建筑矗立于绿色怀抱之中,建筑下方被虚化,越发显得建筑雄伟高大,且树木自然柔和的曲线与建筑理性刚硬的直线形成对比,更能显示出建筑的阳刚之美。在广场空间的处理上,绿化可以使空间具有尺度感和空间感,反衬出建筑的体量及建筑在空间中的位置,树木还具有表示方位、划分空间的作用。除此之外,植物绿化具有一些非常具体的实际作用,譬如引导人们的视线、调节小气候和遮阳。在选用植物进行绿化设计时,应按照大型乔木、小型乔木、灌木、花卉、地被植物、草坪等类型进行组织,选择花坛、种植池、树池、草坪、灌木层,以孤植、对植、列植、疏植、密植等形式进行组合(图 3.6-14~图 3.6-17)。

图 3.6-14　城市广场植物绿化组织 1(凯宾斯基酒店前广场)

图 3.6-15　城市广场植物绿化组织 2(纽约 911 纪念广场)

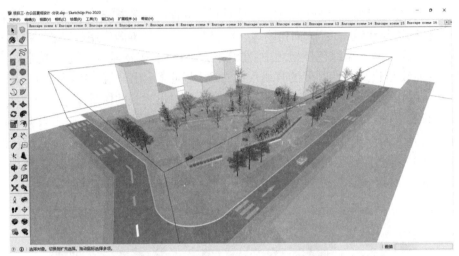

图 3.6-16　项目植物绿化组织方案建模

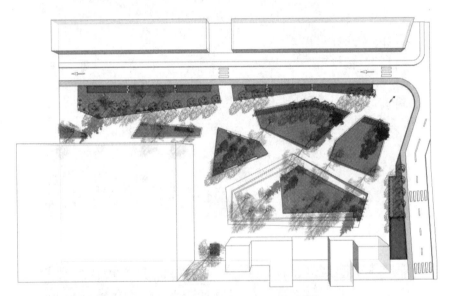

图 3.6-17　项目植物绿化组织方案

3.6.5　任务五:城市广场水景组织

　　水景元素在最初的传统城市广场中的使用并不丰富,古代欧洲城市广场中常常见到的水景元素就是喷泉。随着现代城市空间环境的开发和塑造,人们越来越关注水景元素在人类聚居环境中的重要性,水景的很多作用被调动起来。作为软质景观,绿化是城市空间的柔化剂。水体也是柔化环境的重要组织元素,恰到好处的水景往往为空间增添了灵动,亲水性的考虑为广场上的人们增添了互动和娱乐。

　　城市广场因为它的环境特点,多采用偏于人工的规则式处理手法,但根据现代城市广场的多样发展,应增强人工水景的艺术性,在一定的秩序内灵活运用水景形式(图 3.6-18~图 3.6-20)。

图 3.6-18　城市广场水景组织 1(柏林索尼中心广场)

图 3.6-19　城市广场水景组织 2(波特兰演讲堂前广场)

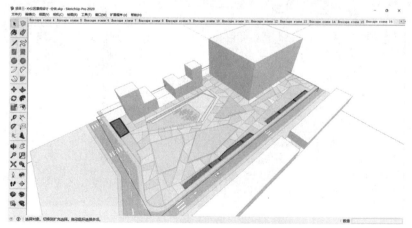

图 3.6-20　项目水景组织方案建模

3.6.6　任务六：城市广场家具与城市小品组织

　　景观小品又称城市家具，按功能分为公共服务设施和公共艺术品两大类，前者为人们提供识别、依靠、洁净等物质功能，后者具有点缀、烘托、活跃环境气氛的精神功能。景观小品形式多样，公交车站、售货亭、电话亭、路灯、垃圾桶、座椅、传统的喷泉、艺术品、纪念物、树木等都是常见的类型。

　　景观小品设计，首先，应与整体空间环境相协调，在选题、造型、位置、尺度、色彩上均要纳入广场环境的天平加以权衡，既要以广场为依托，又要有鲜明的形象，能从背景中突出；其次，应体现生活性、趣味性、观赏性，不必过度追求庄重、严谨、对称的格调，可以寓乐于形，使人感到轻松、自然、愉快；最后，宜求精，不宜求多，要讲求规模适度（图3.6-21~图3.6-24）。

图 3.6-21　城市广场家具与小品组织

图 3.6-22　城市广场灯具组织

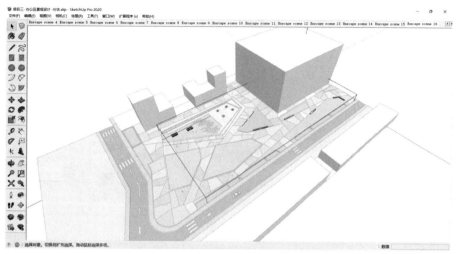

图 3.6-23　项目家具组织方案建模

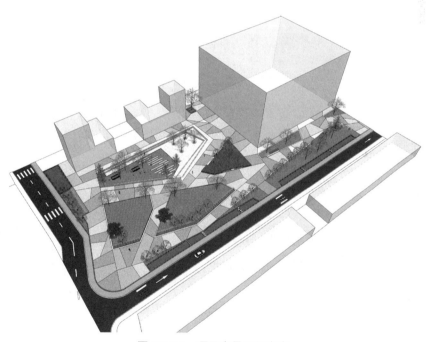

图 3.6-24　项目家具组织方案

【实施成果】

实施成果如图 3.6-25~图 3.6-30 所示。

图 3.6-25 城市广场项目效果图 1——步行区域

图 3.6-26 城市广场项目效果图 2——阳光草坪休闲区域

图 3.6-27　城市广场项目效果图 3——阳光草坪休闲区域

图 3.6-28　城市广场项目效果图 4——坡道与步行区域

图 3.6-29　城市广场项目效果图 5——树池座椅休憩区域

图 3.6-30　城市广场项目效果图 5——鸟瞰图

第4篇
建筑动画软件
Lumion

项目 4.1　建筑动画软件 Lumion 基础认知

任务：Lumion 的基本界面与操作

Lumion 是一个简单、快捷的渲染软件，可以实时观察场景效果和快速出效果图，其优点是速度快，界面友好，自带中文，水景逼真，树木真实、饱满，后期效果相当容易，可以在短时间内制作出较高水平的作品。

4.1.1　Lumion 的基本界面

（1）启动 Lumion 后，会进入 Lumion 的起始页面（图 4.1-1）。

图 4.1-1　Lumion 起始页面

（2）起始页面的上方为语言选择按钮，点击即可进入语言选择页面（图 4.1-2）。

图 4.1-2　Lumion 语言选择

（3）选择语言之后点击"新的"即可进行场景的选择，Lumion 自带好几个场景可供选择，每一个都各具特点，最后一个为白色场景，适合后期用 PS 大规模处理。

图 4.1-3　Lumion 场景选择

（4）还可以点击"输入范例"进入范例选择页面，Lumion 自带多个优秀范例供学习参考（图 4.1-4）。

图 4.1-4　Lumion 范例选择

（5）点击"电脑速度"可以查看电脑的性能（图 4.1-5），最低系统配置：硬盘至少有 20 GB 的可用空间，并配备 2 GB 或更大的视频内存，图形卡必须与 DirectX 11 或更高版本兼容，CPU 值为 3.0+GHz，操作内存为 8 GB（更高的 MHz 值），显示屏的最低分辨率为 1 600 px × 1 080 px。必须在 64 位 Windows 7/8.1/10 计算机上安装 Lumion 才能成功运行。如果希望 Lumion 最新版本的性能完美，最好配置 6 GB 的图形卡和 16 GB 的运行内存，建议安装 64 位 Windows 10 系统。

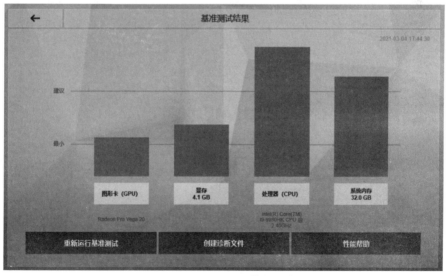

图 4.1-5　Lumion 基准测试

（6）还可以进入读取页面（图 4.1-6），在这里可以加载之前保存的项目，也可以合并之前保存的项目，下面还会显示最近的项目，可以直接打开编辑，方便快捷。

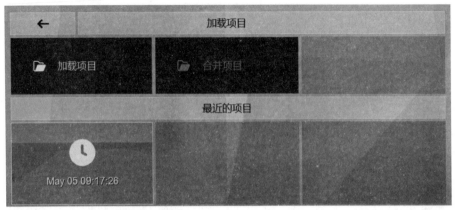

图 4.1-6　Lumion 加载项目

4.1.2　Lumion 的基本操作

（1）确定了场景后，Lumion 就会进入加载页面（图 4.1-7），在加载过程中最好不要进行其他操作。Lumion 运行时占用内存和显卡较多，因此最好不要同时运行其他软件。

图 4.1-7　Lumion 加载页面

（2）加载完后进入 Lumion 场景界面（图 4.1-8），该界面简单、干净，左下角是四大系统，分别为天气系统、景观系统、材质系统、物体系统，右下角主要是场景输出模块，可以制作环境漫游动画。

图 4.1-8　Lumion 场景界面

（3）场景视图操控如图 4.1-9 所示，点击鼠标右键可以自由旋转场景，通过"W""A""S""D"键可实现前后左右移动，使用"Q""E"键可使摄像机镜头上升或下降，以上按键配合"Shift"键可以加快移动，配合"Space"键可以减慢移动。

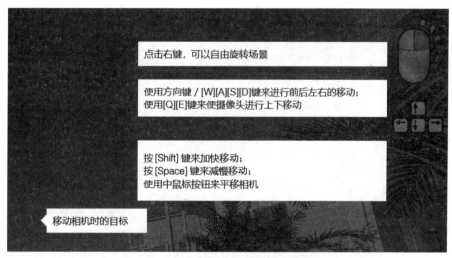

图 4.1-9　Lumion 场景视图操控

项目 4.2　建筑动画软件 Lumion 的四大系统和场景输出认知

4.2.1　任务一: Lumion 的天气系统认知

　　Lumion 的天气系统非常重要,虽然它调节起来十分容易,但是想把太阳调好,需要很多理论作为支持,太阳作为主光源,光在整个画面效果就占 70%,光的质量将影响画面的最终走向,太阳的方位会直接影响场景的空间和层次,还有主体物体的立体塑造做到突出表现主题等一系列问题,所以不是随便调一个角度那么简单,用户要知道什么是优秀的画面,然后才能正确调节。点击"天气"按钮◼,在屏幕左下角弹出天气面板(图 4.2-1)。

图 4.2-1　Lumion 天气面板

4.2.1.1　天空的选择

　　天空有两种选择——真实天空和程序天空,通过 ▐Real Skies ●▌ 进行切换。真实天空不能调节云彩的多少,只能旋转方向(图 4.2-2)。

图 4.2-2　Lumion 天空选择

4.2.1.2　程序天空

程序天空可以调节云彩的多少,所以可以选择云彩的类型,点击云彩按钮 弹出选择窗口(图 4.2-3)。

图 4.2-3　Lumion 云彩选择

4.2.1.3　太阳方位

太阳方位的调整通过调节太阳的位置来实现（图4.2-4）。这一步是非常重要的，因为太阳的位置直接影响对空间的塑造，尤其是做景观设计时，要把空间和层次表现出来，就要把太阳放到对面，达到逆光的效果。用户可以对顺光和逆光方案进行对比，看下哪个方案空间感和层次感更强。明显顺光画面很平，没有层次感（图4.2-5）。

图 4.2-4　Lumion 太阳方位调整

图 4.2-5　Lumion 场景的顺光与逆光

4.2.1.4　太阳高度

通过拖拽太阳调节高度（图4.2-6），可以切换白天和夜晚（图4.2-7）。

图 4.2-6　Lumion 太阳高度调整

图 4.2-7　Lumion 场景的白天与夜晚

4.2.1.5　太阳亮度

　　拖动滑条 太阳亮度 左右移动,可以调节太阳的亮度,最暗和最亮的效果如图 4.2-8 所示,配合 "Shift" 键可以进行精细调节。

图 4.2-8　Lumion 太阳亮度调整

4.2.1.6　云彩密度

　　拖动滑条 云量 左右移动,可以调节云彩的密度,云彩少和多的效果如图 4.2-9 所示,配合 "Shift" 键可以进行精细调节。

图 4.2-9　Lumion 云彩密度调整

4.2.2　任务二：Lumion 的景观系统认知

在景观系统中可以绘制想要的地形,系统提供了不同的笔刷,可以创建想要的效果和材质,也可以自动生成草原和海洋。点击 ![icon] 可以打开景观面板(图 4.2-10)。

图 4.2-10　Lumion 景观面板

4.2.2.1　地形的绘制

点击"高度"按钮 ![icon] 打开地形绘制面板(图 4.2-11)。

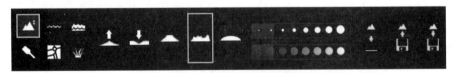

图 4.2-11　Lumion 地形绘制面板

(1)提升高度:点击"提升高度"按钮 ![icon],用鼠标左键绘制提升地面高度(图 4.2-12)。

图 4.2-12　Lumion 地形高度提升

（2）降低高度：点击"降低高度"按钮 ![], 用鼠标左键绘制降低地面高度（图 4.2-13）。

图 4.2-13　Lumion 地形高度降低

（3）平整：点击"平整"按钮 ![], 用鼠标左键将有高度的山坡绘制平整（图 4.2-14）。

图 4.2-14　Lumion 地形平整

（4）起伏：点击"起伏"按钮，用鼠标左键绘制凹凸不平的地面，呈噪波的效果（图4.2-15）。

图 4.2-15　Lumion 地形起伏

（5）平滑：点击"平滑"按钮，用鼠标左键将凹凸不平的地面绘制松弛，达到平滑的效果（图 4.2-16）。

图 4.2-16　Lumion 地形平滑

（6）笔刷尺寸：控制条 用来控制在相同的笔刷速度下地形变化的范围。黄色圆形笔刷越大，地形变化范围越大；黄色圆形笔刷越小，地形变化范围越小。在拖动控制条的同时点击"Shift"键可进行微调（图 4.2-17）。

图 4.2-17　Lumion 笔刷尺寸

（7）笔刷速度：控制条 用来控制在相同的笔刷尺寸下地形变化的快慢，数值越大，地形变化速度越快；数值越小，地形变化速度越慢。在拖动控制条的同时点击"Shift"键可进行微调。

（8）平铺地形贴图：点击"平铺地形贴图"按钮 ，可使所有凹凸的地形平面化。

（9）输入地形贴图：点击"输入地形贴图"，在场景中加载一张黑白图就会出现凹凸起伏,白色凸出、黑色凹陷(图4.2-18)。

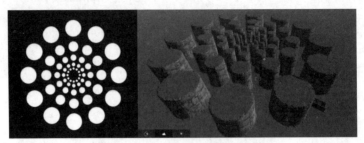

图4.2-18　Lumion地形贴图加载

(10)保存地形贴图:点击"保存地形贴图"按钮,弹出"打开"对话框,可将自建的地形贴图保存到电脑终端,文件类型为DDS(图4.2-19)。

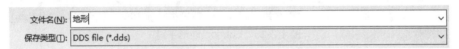

图4.2-19　Lumion地形贴图保存

4.2.2.2　水

点击"水"按钮打开水面板(图4.2-20),在该面板中可放置、删除、移动水或者改变水的类型。

图4.2-20　Lumion水面板

(1)放置物体:点击"放置物体"按钮 ，在需要水体的地方单击鼠标左键或按住鼠标左键不放拖动鼠标,即可在场景中添加一块水体(图4.2-21)。

图 4.2-21　Lumion 放置水体

（2）删除物体：点击"删除物体"按钮，场景中已创建的水体中心会出现一个白色圆圈，将光标移动到要删除的水体中心的白色圆圈上，圆圈会变成红色（图 4.2-22），单击该圆圈即可删除这个水体。

图 4.2-22　Lumion 删除水体

（3）移动物体：点击"移动物体"按钮，场景中每个水体的外包矩形框的四角均会出现"上下移动"和"拉伸"按钮，可以通过这两个按钮移动水体（图 4.2-23）。

图 4.2-23　Lumion 移动水体

　　（4）点击"类型"按钮 ▭ 会出现海洋、热带、池塘、山、污水、冰面等 6 种不同的水体类型,点击任意水体类型将调换场景中相应的水体(图 4.2-24)。

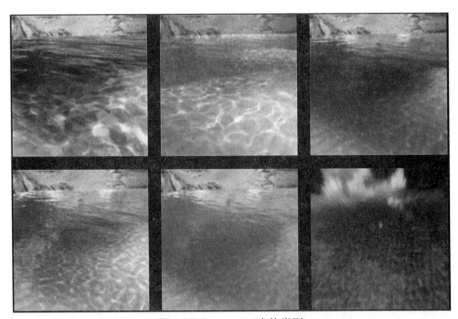

图 4.2-24　Lumion 水体类型

4.2.2.3　海洋

　　先点击"海洋"按钮 ▭,再点击"开关"按钮 ⏻,就可以打开海洋面板(图 4.2-25)。通过该面板可对波浪强度、风速、混浊度、高度、风向、颜色预设等参数进行调节。

图 4.2-25　Lumion 海洋面板

（1）波浪强度：通过滑动滑条 [波浪强度] 来调整波浪的强度。数值越大，波浪强度越大，波浪在场景中表现得越明显，波浪强度对比如图 4.2-26 所示。

图 4.2-26　Lumion 海洋波浪强度

（2）风速：用来调节波浪的移动速度。数值越大，移动速度越快；数值越小，移动速度越慢。

（3）混浊度：用来调节海水的透明程度。数值越大，海水越混浊；数值越小，海水越清澈（图 4.2-27）。

图 4.2-27　Lumion 海洋混浊度

（4）高度：用来调节海平面的高度。数值越大，海平面越高，海洋越深；数值越小，海平面越低，海洋越浅（图 4.2-28）。

图 4.2-28　Lumion 海洋高度

（5）风向：用来调节风的方向，该风向仅对海浪的方向产生影响。

（6）颜色预设：通过调节面板可以改变海水的颜色。调色盘下方的滑块可以用来调节海面亮度。数值越大，海面越亮；数值越小，海面越暗（图 4.2-29）。

图 4.2-29　Lumion 海洋颜色

4.2.2.4　描绘

点击"描绘"按钮打开描绘面板（图 4.2-30）。该面板可以通过笔刷为场景地形添加或修改材质。

图 4.2-30　Lumion 描绘面板

（1）编辑类型：点击"编辑类型"第一个按钮  ，弹出材质面板（图 4.2-31）。选择所需的材质，即可在场景地形上显示该材质。

图 4.2-31　Lumion 材质面板

（2）编辑类型：点击"编辑类型"第二个按钮 ，选择材质，即可在场景地形上绘制出该材质（图 4.2-32）。

图 4.2-32　Lumion 地形材质编辑类型

（3）编辑类型：点击"编辑类型"第三个按钮 ，选择材质，即可在场景地形上绘制出该材质（图 4.2-33）。

图 4.2-33　Lumion 地形材质编辑类型

（4）编辑类型：点击"编辑类型"第四个按钮，选择材质，即可在场景地形上绘制出该材质（图 4.2-34）。

图 4.2-34　Lumion 地形材质编辑类型

（5）笔刷速度、笔刷尺寸、平铺尺寸：调整到合适的笔刷速度、笔刷尺寸及平铺尺寸，数值越大，调整范围越大。笔刷以黄色圆圈显示，绘制的时候可以观看范围（图 4.2-35）。

图 4.2-35　Lumion 笔刷速度

（6）选择景观：点击"选择景观"按钮 ，弹出"选择景观预设"对话框，改变景观地貌效果（图 4.2-36）。

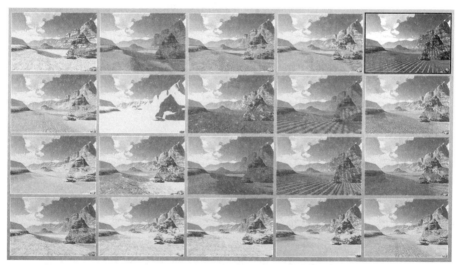

图 4.2-36　Lumion 选择景观预设

（7）侧面岩石：点击"侧面岩石"按钮 ，弹出"选择景观纹理"对话框，选择相应的贴图，可以改变山体侧面的贴图纹理（图 4.2-37）。

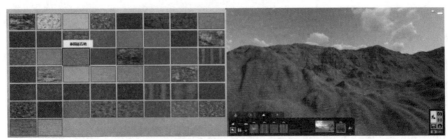

图 4.2-37　Lumion 选择景观纹理

（8）岩石显示开关：点击"岩石显示开关"按钮，可打开或关闭山体岩石贴图纹理，岩石显示开关效果如图 4.2-38 所示。

图 4.2-38　Lumion 岩石显示开关

4.2.2.5　街景地图

点击"打开街景地图"按钮 ，可从互联网云端地图上下载并打开真实的地形信息（图4.2-39）。

图 4.2-39　Lumion 街景地图

4.2.2.6　草丛

先点击"草丛"按钮 ，再点击"开关"按钮 ，就可以打开草丛面板(图 4.2-40)。通过该面板可以调整和添加场景中的草丛以及在草丛中添加一些配景,可以调节草尺寸、草高、野草等草丛参数。

图 4.2-40　Lumion 草丛面板

(1)草尺寸:拖动滑块 可以更改草的尺寸,小尺寸和大尺寸对比如图 4.2-41 所示。

图 4.2-41　Lumion 草尺寸

(2)草高:拖动滑块 可以更改草的高度,矮草和高草对比如图 4.2-42 所示。

图 4.2-42　Lumion 草高

（3）野草：拖动滑块 野草 可以更改草的野性，最小值和最大值对比如图 4.2-43 所示。

图 4.2-43　Lumion 野草

（4）配景：点击草丛面板下方的按钮 将弹出配景库（图 4.2-44），其中提供了多种配景。

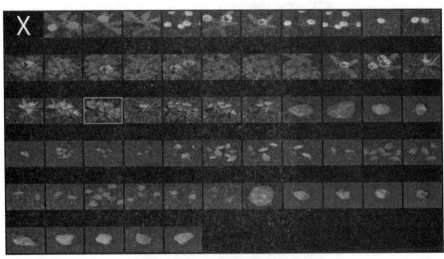

图 4.2-44　Lumion 草丛配景库

（5）每种配景均可调节扩散、尺寸、随机尺寸等参数（图 4.2-45）。

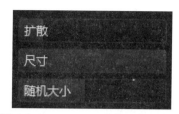

图 4.2-45　Lumion 草丛配景库参数

①用鼠标左键拖动 扩散 滑块改变配景的分散,滑条调到左边和右边的对比如图 4.2-46 所示。

图 4.2-46　Lumion 配景扩散

②用鼠标左键拖动 尺寸 滑块改变配景的尺寸,滑条调到左边和右边的对比如图 4.2-47 所示。

图 4.2-47　Lumion 配景尺寸

③用鼠标左键拖动 随机大小 滑块改变配景的随机大小,滑条调到左边和右边的对比如图 4.2-48 所示。

图 4.2-48　Lumion 配景随机大小

4.2.3　任务三：Lumion 的材质系统认知

Lumion 的材质系统可以设置场景中所有的材质工作。它提供了丰富的材质库，包括"自然""室内""室外""自定义"和"收藏夹"，每个选项卡又包含若干材质。点击 可以打开材质面板（图 4.2-49）。

图 4.2-49　Lumion 材质面板

4.2.3.1　自定义材质

在自定义材质面板中有多种不同类型的材质，分别是广告牌、颜色、玻璃、纯净玻璃、无形、景观、照明贴图、已导入材质、标准材质、风化、叶子、水体和瀑布（图 4.2-50）。

图 4.2-50　Lumion 自定义材质面板

1)广告牌

该命令可为模型添加广告牌材质,被赋予该材质的物体可以在视角移动的过程中始终面向相机,常常用于人物或植被(图 4.2-51)。

图 4.2-51　Lumion 广告牌材质

2)颜色

该命令可为模型添加颜色材质,利用颜色面板可调节颜色和减少闪烁(图 4.2-52)。

图 4.2-52　Lumion 颜色材质

3)玻璃

选择该命令后进入玻璃材质编辑面板,利用滑块调节玻璃的反射率、透明度、纹理影响、双面渲染、光泽度和亮度等参数。点击面板中的"RGB"按钮,可在弹出的颜色面板中调整玻璃的颜色(图 4.2-53)。

图 4.2-53　Lumion 玻璃材质

4)纯净玻璃

选择该命令后进入纯净玻璃材质编辑面板,利用滑块调节玻璃的着色、反射率、内部反射、不透明度、双面渲染、光泽度、结霜量、视差和地图比例尺等参数。点击面板中的"RGB"

按钮,可在弹出的颜色面板中调整玻璃的颜色(图 4.2-54)。

图 4.2-54　Lumion 纯净玻璃材质

5)无形

该命令可为模型墙体添加隐形材质(图 4.2-55)。

图 4.2-55　Lumion 无形材质

6)景观

该命令可为模型添加景观材质,能够将模型和环境融为一体(图 4.2-56)。

图 4.2-56　Lumion 景观材质

7)照明贴图

该命令可为模型添加照明贴图材质。具体操作步骤:选择照明贴图命令,进入照明贴图材质编辑面板,调节材质的更改漫反射纹理、照明贴图、照明贴图倍增、环境、深度偏移等参数,这些参数主要对材质纹理贴图的亮度以及显示范围进行调整与修正(图 4.2-57)。

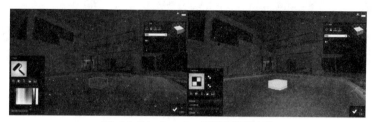

图 4.2-57　Lumion 照明贴图材质

8)已导入材质

利用该命令可以删除已赋予的材质(图 4.2-58)。

图 4.2-58　Lumion 已导入材质

9)标准材质

选择该命令后进入标准材质编辑面板,在该面板中可调节着色、光泽、反射率、视差、地图比例尺、反转法线贴图方向等参数(图 4.2-59)。

图 4.2-59　Lumion 标准材质

（1）着色：该参数用来调节材质的饱和度，达到去色的效果（图 4.2-60）。

图 4.2-60　Lumion 标准材质着色

（2）光泽：该参数用来调节材质的光泽度，地面光泽度最小和最大的效果对比如图 4.2-61 所示。

图 4.2-61　Lumion 标准材质光泽

（3）反射率：该参数用来调节材质的反射率，数值越大反射越强烈（图 4.2-62）。

图 4.2-62　Lumion 标准材质反射率

（4）视差：该参数用来调节材质表面的凹凸程度，使材质更逼真（图 4.2-63）。

图 4.2-63　Lumion 标准材质视差

（5）地图比例尺：该参数用来调节材质的大小比例（图 4.2-64）。

图 4.2-64　Lumion 标准材质地图比例尺

（6）偏移：点击 ，通过 X 轴偏移、Y 轴偏移、Z 深度偏移三个参数来控制材质纹理（图 4.2-65）。

图 4.2-65　Lumion 标准材质偏移

（7）点击 ，通过绕 Y 轴旋转、绕 X 轴旋转、绕 Z 轴旋转三个参数来控制材质纹理绕 Y、X、Z 轴旋转的角度（图 4.2-66）。

图 4.2-66　Lumion 标准材质偏移

（8）透明度：该参数用来调节材质的透明程度，包含打蜡和透明度两个参数，并且两个参数只能选择其一（图 4.2-67）。

图 4.2-67　Lumion 标准材质透明度

（9）自发光：点击 [图标] 调整 [自发光]，最小值代表不发光（图 4.2-68）。

图 4.2-68　Lumion 标准材质自发光

（10）饱和度：点击 [图标] 调整 [饱和度]，低饱和度和高饱和度对比如图 4.2-69 所示。

图 4.2-69　Lumion 标准材质饱和度

（11）高光：点击 [图标] 调整 [高光]，低高光和高高光对比如图 4.2-70 所示。

图 4.2-70　Lumion 标准材质高光

（12）减少闪烁：点击 [图标] 调整 [减少闪烁 (0cm at 25m)]，可以改变两个面重面闪烁的情况（图 4.2-71）。

图 4.2-71　Lumion 标准材质减少闪烁

10）风化

点击风化按钮  打开风化窗口，里面有多个风化效果图（图 4.2-72）。

图 4.2-72　Lumion 材质风化

（1）选择栏杆材质，点击风化按钮，拖动滑块 风化 改变数值（图 4.2-73）。

图 4.2-73　Lumion 材质风化

（2）选择栏杆材质，点击风化按钮，拖动滑块 边 改变数值（图 4.2-74）。

图 4.2-74　Lumion 材质风化

11）叶子

点击 ![icon] 打开叶子窗口，可以给任何物体添加叶子效果（图 4.2-75）。

图 4.2-75　Lumion 叶子效果

（1）选中墙面材质，点击 ![icon] 打开叶子窗口，拖动滑块 ![扩散] 改变叶子的扩散（图 4.2-76）。

图 4.2-76　Lumion 叶子扩散

（2）选中墙面材质，点击 ![icon] 打开叶子窗口，拖动滑块 ![叶子大小] 改变叶子的大小（图 4.2-77）。

图 4.2-77　Lumion 叶子大小

（3）选中墙面材质，点击 ▲ 打开叶子窗口，拖动滑块 叶子类型 ▊▊▊▊▊▊ 改变叶子的类型（图 4.2-78）。

图 4.2-78　Lumion 叶子类型

（4）选中墙面材质，点击 ▲ 打开叶子窗口，拖动滑块 展开模式偏移 ▊▊▊▊▊ 改变叶子的展开类型（图 4.2-79）。

图 4.2-79　Lumion 叶子展开模式

（5）选中墙面材质，点击 ▲ 打开叶子窗口，拖动滑块 地面 ▊▊▊▊▊ 改变叶子在地面上的生长位置（图 4.2-80）。

图 4.2-80　Lumion 叶子地面

12)水体

选择该命令后进入水体材质编辑面板,通过该面板可以对水体的波高、光泽度、波率、焦散比例、反射率和泡沫等基本属性以及水体的颜色进行调节(图 4.2-81)。

图 4.2-81　Lumion 水体材质

(1)波高:该参数用来表现水面的动态程度。数值越大,水面波动越大;当数值为 0 时,水面是完全静止的(图 4.2-82)。

图 4.2-82　Lumion 水体波高

(2)光泽度:该参数用来调节水体的光泽度(图 4.2-83)。

图 4.2-83　Lumion 水体光泽度

(3)波率:该参数用来调节波浪的疏密程度,波率越小,水面所呈现的波浪越多(图 4.2-84)。

图 4.2-84　Lumion 水体波率

（4）焦散比例：该参数可以对水下面投射焦散进行调整（图 4.2-85）。

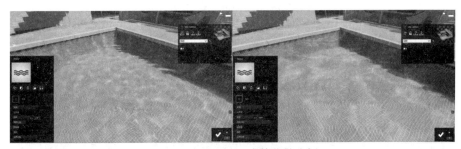

图 4.2-85　Lumion 水体焦散比例

（5）反射率：该参数用来调节水体的反射率，数值越大，反射越强烈（图 4.2-86）。

图 4.2-86　Lumion 水体反射率

（6）泡沫：该参数用来调节水面泡沫的数量，适当调节可以增加水体的逼真程度（图 4.2-87）。

图 4.2-87　Lumion 水体泡沫

（7）边界移位:有的时候波太高水会溢出来,通过边界移位可以把水平面向下移动(图4.2-88)。

图 4.2-88　Lumion 水体边界移位

（8）RGB:在 RGB 面板中,可对水体的颜色密度和调整水的亮度进行调节(图 4.2-89)。

图 4.2-89　Lumion 水体 RGB

13)瀑布

选择该命令后进入瀑布材质编辑面板,该面板的设置与水体材质编辑面板情况相同(图 4.2-90)。

图 4.2-90　Lumion 瀑布材质

4.2.3.2　室外材质

室外材质包括砖、混凝土、玻璃、金属、石膏、屋顶、石头、木材、沥青等(图 4.2-91)。

图 4.2-91　Lumion 室外材质面板

(1)选择砖材质,下面有很多砖的类型,参数的调整和标准材质的调整是一样的(图 4.2-92)。

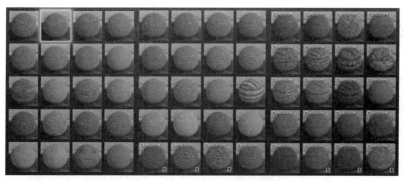

图 4.2-92　Lumion 室外砖材质

(2)选择混凝土材质,下面有很多混凝土的类型,参数的调整和标准材质的调整是一样的(图 4.2-93)。

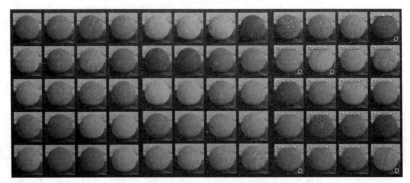

图 4.2-93　Lumion 室外混凝土材质

（3）选择玻璃材质，下面有很多玻璃的类型，参数的调整和标准材质的调整是一样的（图 4.2-94）。

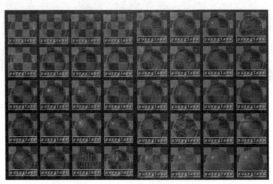

图 4.2-94　Lumion 室外玻璃材质

（4）选择金属材质，下面有很多金属的类型，参数的调整和标准材质的调整是一样的（图 4.2-95）。

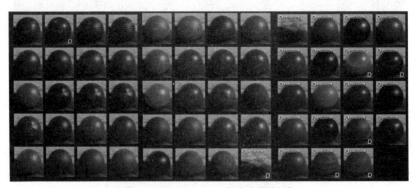

图 4.2-95　Lumion 室外金属材质

（5）选择石膏材质，下面有很多石膏的类型，参数的调整和标准材质的调整是一样的（图 4.2-96）。

图 4.2-96　Lumion 室外石膏材质

（6）选择屋顶材质，下面有很多屋顶的类型，参数的调整和标准材质的调整是一样的（图 4.2-97）。

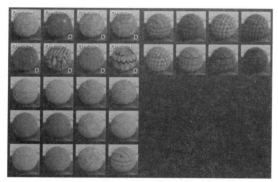

图 4.2-97　Lumion 室外屋顶材质

（7）选择石头材质，下面有很多石头的类型，参数的调整和标准材质的调整是一样的（图 4.2-98）。

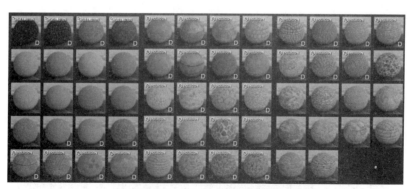

图 4.2-98　Lumion 室外石头材质

（8）选择木材材质，下面有很多木材的类型，参数的调整和标准材质的调整是一样的（图 4.2-99）。

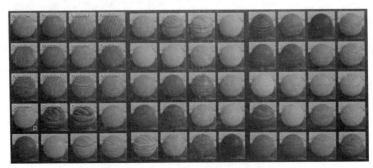

图 4.2-99　Lumion 室外木材材质

（9）选择石头材质,下面有很多石头的类型,参数的调整和标准材质的调整是一样（图4.2-100）。

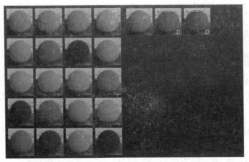

图 4.2-100　Lumion 室外石头材质

4.2.3.3　室内材质

室内材质包括布、玻璃、皮革、金属、石膏、塑料、石头、瓷砖、木材、窗帘等,和上面讲的材质属性是一样的（图 4.2-101）。

图 4.2-101　Lumion 室内材质面板

4.2.3.4　各种材质

各种材质包括二维草、三维草、岩石、土壤、水、森林地带、落叶、陈旧、毛皮等,非常丰富（图 4.2-102）。

图 4.2-102　Lumion 各种材质

1）二维草

二维草主要以各种贴图的形式出现（图 4.2-103）。

图 4.2-103　Lumion 二维草材质

2)三维草

三维草比二维草逼真,效果更好,品种也多(图 4.2-104)。

图 4.2-104　Lumion 三维草材质

3)岩石

岩石材质立体感很强,虽然三维模型精度不够,也能呈现出凹凸不平的真实感(图 4.2-105)。

图 4.2-105　Lumion 岩石材质

4)土壤

土壤材质立体感强,表面的凹凸不依赖模型,在简模上依然真实(图 4.2-106)。

图 4.2-106　Lumion 土壤材质

5)水

水材质里内置了好多预设,和自定义材质中的水是一样的(图 4.2-107)。

图 4.2-107　Lumion 水材质

6)森林地带

森林地带材质包含很多树皮和树桩的贴图,很逼真(图 4.2-108)。

图 4.2-108　Lumion 森林材质

7）落叶

落叶材质可以使物体表面铺满叶子（图 4.2-109）。

图 4.2-109　Lumion 落叶材质

8）陈旧

陈旧材质可以呈现出一些生锈的物体材质，表面细节丰富（图 4.2-110）。

图 4.2-110　Lumion 陈旧材质

9）毛皮

毛皮材质可以让物体表面铺满毛发，可以用来制作地毯，样式很多（图 4.2-111）。

图 4.2-111　Lumion 毛皮材质

4.2.4　任务四：Lumion 的物体系统认知

物体系统可以导入自然配景、交通工具、声音、特效、室内用品、人或动物、室外物品、灯光等实物模型，并对其位置、大小等属性进行编辑。

4.2.4.1　模型导入

可以导入草图大师（SketchUP）和 3Dmax 里的模型文件，点击导入按钮打开选择文件窗口，点击确定载入模型（图 4.2-112）。

图 4.2-112　Lumion 模型导入

4.2.4.2　物体放置

任何物体都可以通过放置按钮摆放到场景中，譬如选择一棵树点击放置按钮就可以将其放置到场景中了（图 4.2-113）。

图 4.2-113　Lumion 物体放置

1）人群安置

点击按钮,然后选择下面的人群安置,一次最多可以放置 100 棵树（图 4.2-114）。

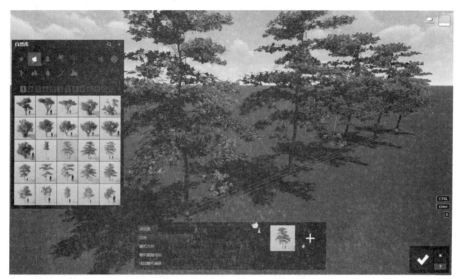

图 4.2-114　Lumion 人群安置

（1）在人群安置中改变项目数可以观察效果（图 4.2-115）。

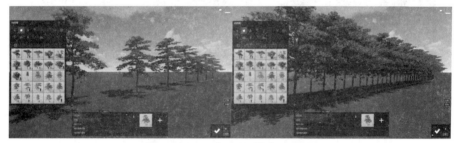

图 4.2-115　Lumion 物体安置项目数

（2）在人群安置中改变方向可以整体一同选择观察效果（图 4.2-116）。

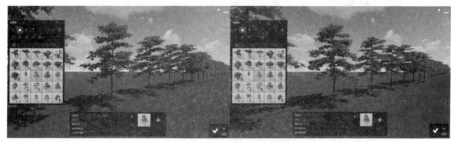

图 4.2-116　Lumion 物体安置方向

（3）在人群安置中改变随机方向可以让每个物体随机旋转观察效果（图 4.2-117）。

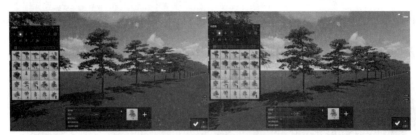

图 4.2-117　Lumion 物体安置随机方向

（4）在人群安置中改变随机跟随线段可以改变相邻物体的间距观察效果（图 4.2-118）。

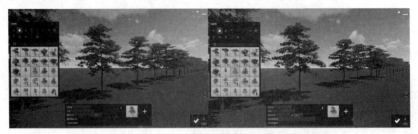

图 4.2-118　Lumion 物体安置改变随机跟随线段

（5）在人群安置中改变线段随机偏移可以把物体分散观察效果（图 4.2-119）。

图 4.2-119　Lumion 物体安置改变线段随机偏移

2）集群布局

点击按钮 ![icon]，然后选择下面的集群布局，一次可以放置多个物体（图 4.2-120）。

图 4.2-120　Lumion 集群布局

3）绘制放置

点击按钮，然后选择下面的绘制放置，一次可以在圆圈内放置多个物体（图 4.2-121）。

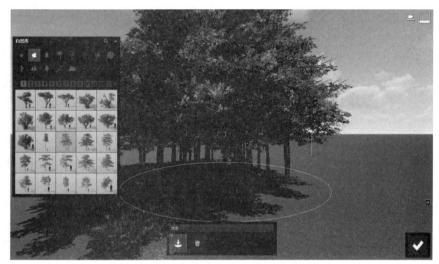

图 4.2-121　Lumion 绘制放置

4.2.4.3　移动

1）自由移动

点击移动按钮，然后选择自由移动，可以使物体自由移动（图 4.2-122）。

图 4.2-122　Lumion 移动

2）向上移动

点击移动按钮 [图标]，然后选择向上移动 [图标]，可以使物体向上移动（图 4.2-123 ）。

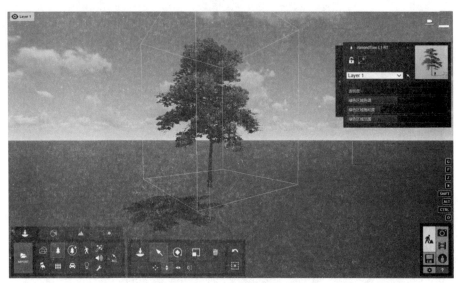

图 4.2-123　Lumion 向上移动

3）水平移动

点击移动按钮 [图标]，然后选择水平移动 [图标]，可以使物体水平移动（图 4.2-124 ）。

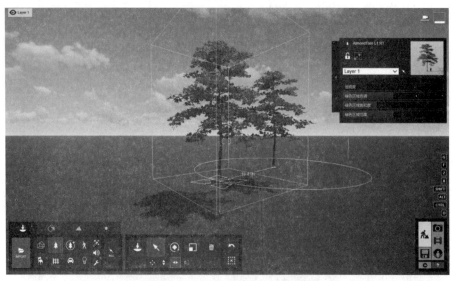

图 4.2-124　Lumion 水平移动

4）键入

点击移动按钮 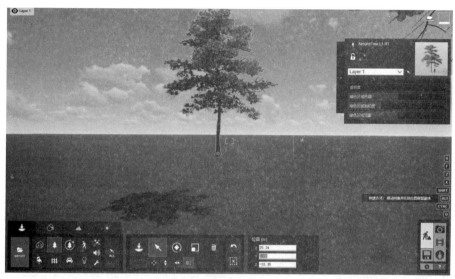，然后选择键入 ，可以输入坐标使物体移动（图 4.2-125）。

图 4.2-125　Lumion 键入

4.2.4.4　旋转

通过旋转按钮可以使任何物体旋转（图 4.2-126）。

图 4.2-126　Lumion 旋转

4.2.4.5　缩放

通过缩放按钮 可以使任何物体缩放（图 4.2-127）。

图 4.2-127　Lumion 缩放

4.2.4.6　删除

通过删除按钮 可以删除场景中的任何物体（图 4.2-128）。

图 4.2-128　Lumion 删除

4.2.4.7　自然库

自然库 ![icon] 中的物体可通过上述的物体放置方法进行放置,其品种很多(图 4.2-129)。

图 4.2-129　Lumion 自然库

4.2.4.8　精细细节自然对象库

精细细节自然对象库 ![icon] 里的对象精细度很高,可以放在镜头的前面增强真实感(图 4.2-130)。

图 4.2-130　Lumion 精细细节自然对象

4.2.4.9　人和动物库

人和动物库 ![icon] 可以丰富场景,库里有各个国家的人以及各种动物(图 4.2-131)。

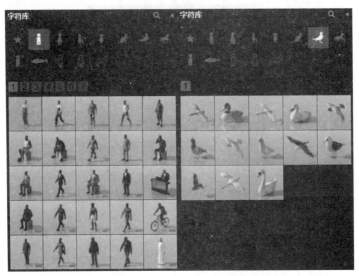

图 4.2-131　Lumion 人和动物库

4.2.4.10　室内库

室内库 ![icon] 里有各种软装,在做室内效果图的时候非常有用,直接用 Lumion 里的资源就可以,不用导入草图大师或 3Dmax 里的模型(图 4.2-132)。

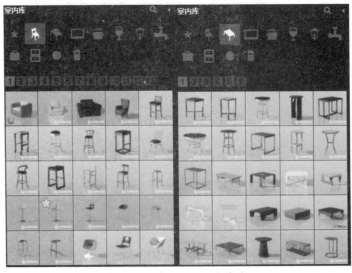

图 4.2-132　Lumion 室内库

4.2.4.11　室外库

室外库 █ 里的模型也很多,在进行景观设计的时候比较常用(图 4.2-133)。

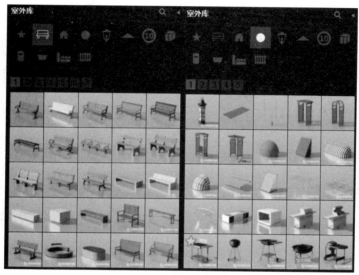

图 4.2-133　Lumion 室外库

4.2.4.12　交通工具库

交通工具库 █ 里有各种交通工具,包括汽车、自行车、摩托车、飞机、火车等(图 4.2-134)。

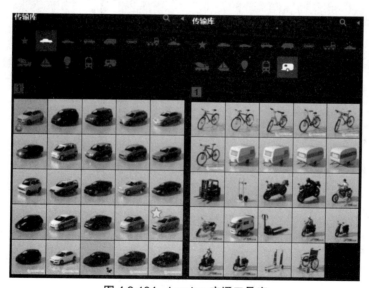

图 4.2-134　Lumion 交通工具库

4.2.4.13　灯光库

灯光库💡在进行夜景设计的时候会用到,可以选择添加到场景中(图4.2-135)。

图4.2-135　Lumion 灯光库

4.2.4.14　特效

特效库🪄里有各种喷泉、火、烟雾等,可根据需求添加到场景中(图4.2-136)。

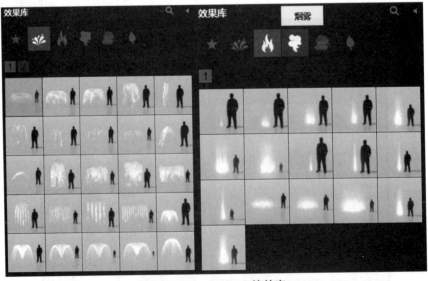

图4.2-136　Lumion 特效库

4.2.5　任务五：Lumion 的场景输出认知

4.2.5.1　拍照模式

点击场景右下角的拍照模式按钮 📷 ,进入拍照模式(图 4.2-137)。通过该模式可以进行场景单帧效果输出。

图 4.2-137　Lumion 拍照模式

1)效果预览窗口

在效果预览窗口中采用与场景编辑模式相同的操作方式可以调整摄像机的拍摄角度,控制效果预览窗口下方的滑块可以改变摄像机的焦距,不同焦距呈现出的物体大小不一样(图 4.2-138)。

图 4.2-138　Lumion 效果预览窗口

2）拍照编辑窗口

点击保存相机视口按钮 📷 可以添加相机视口,最后进行渲染输出（图 4.2-139）。

图 4.2-139　Lumion 添加相机视口

3）自定义风格

点击 ◈ 自定义风格 会弹出风格选择面板,可根据需求选择风格（图 4.2-140）。

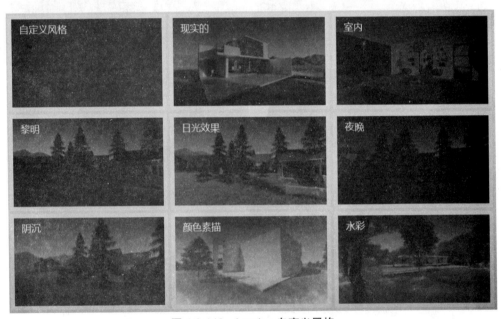

图 4.2-140　Lumion 自定义风格

4）特效

点击 特效 会弹出特效选择面板,可根据需求添加特效（图 4.2-141）。

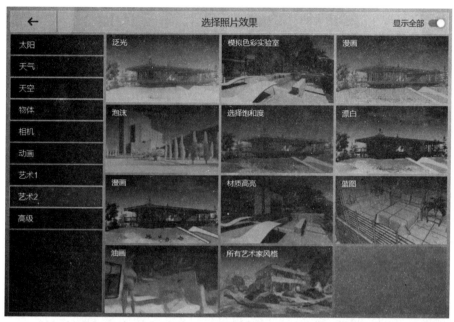

图 4.2-141　Lumion 特效

5）渲染

点击渲染按钮会弹出渲染面板，可以渲染当前拍摄的照片，选个尺寸保存即可（图4.2-142）。

图 4.2-142　Lumion 渲染

4.2.5.2　动画模式

点击场景右下角的动画模式按钮，进入动画模式（图 4.2-143）。通过该模式可以进行动画制作。

图 4.2-143　Lumion 动画模式

（1）点击录制按钮 开始录制视频（图 4.2-144）。

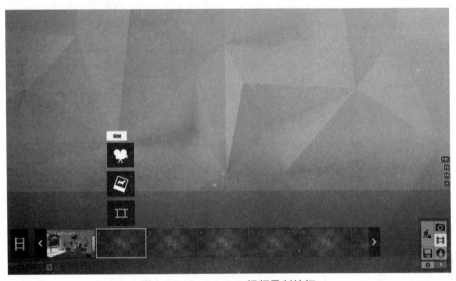

图 4.2-144　Lumion 视频录制按钮

（2）和拍照模式一样调整好拍摄角度，确定开始帧和结束帧,计算机自动生成补间动画（图 4.2-145）。

图 4.2-145　Lumion 视频录制设置

（3）点击渲染按钮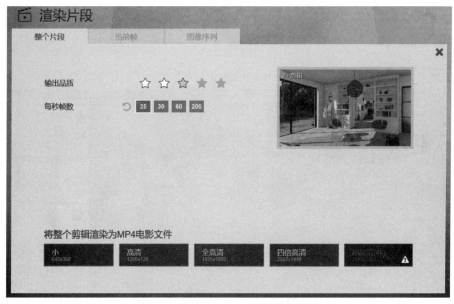,弹出输出窗口,选择合适的尺寸渲染保存（图 4.2-146）。

图 4.2-146　Lumion 视频渲染输出

项目 4.3　SketchUp+Lumion 软件
景观综合案例

4.3.1　任务一：SketchUp 场景模型整理

本任务为一个公园案例，在导出模型之前要整理场景，尤其要把场景放到世界坐标中心，做到在 Z 轴地面以上避免 Lumion 中模型在地面以下。

4.3.1.1　Step 1

在 SketchUp 中点击文件打开场景文件（图 4.3-1 ）。

图 4.3-1　SketchUp 场景模型

4.3.1.2　Step 2

模型在导出之前不能只有一个材质，Lumion 是依据材质 ID 选择物体的，一个材质只能拾取一个物体，所以前期要对不同的物体进行材质区分（图 4.3-2 ）。

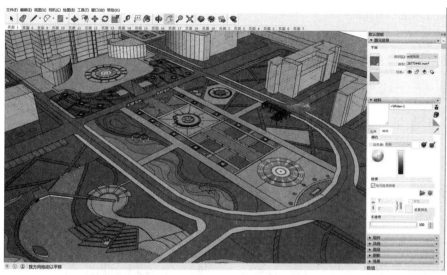

图 4.3-2　SketchUp 场景材质区分

4.3.1.3　Step 3

在窗口下拉列表中选择"模型信息"选项,在弹出的窗口中点击"统计信息",然后点击"清除未使用项"按钮,把没用到的信息全部删除,节约资源空间(图 4.3-3)。

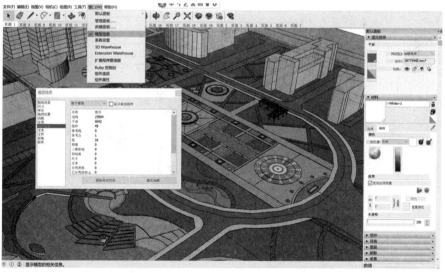

图 4.3-3　SketchUp 场景统计信息

4.3.1.4　Step 4

在"模型信息"窗口中点击"单位",检查单位设置是不是毫米,保证导入 Lumion 的模型尺寸没有问题（图 4.3-4）。

图 4.3-4　SketchUp 场景单位

4.3.1.5　Step 5

选择场景中的所有模型，把模型放到世界坐标中心而且保证 Z 轴以上，世界坐标中心就是导入 Lumion 后物体的自身坐标轴，为了方便操作要把轴放好（图 4.3-5）。

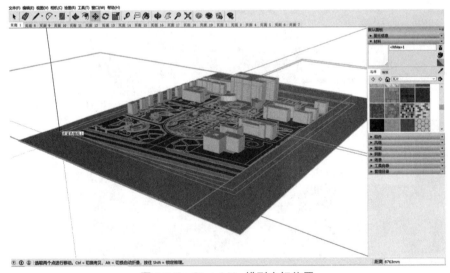

图 4.3-5　SketchUp 模型坐标位置

4.3.1.6　Step 6

选择版本保存文件，选择的版本尽量低一些，版本太高 Lumion 会导入失败（图 4.3-6）。

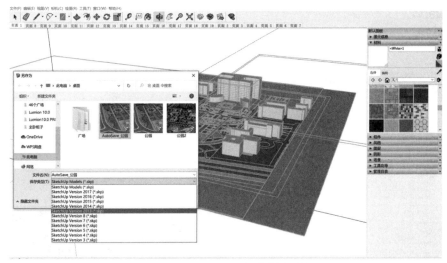

图 4.3-6　SketchUp 保存版本选择

4.3.2　任务二：Lumion 导入 SketchUp 文件并制作

在制作之前要先导入文件，因为 Lumion 没有建模功能，所以需要和三维设计软件结合制作，支持得最好的是 SketchUp，Lumion 可以导入 SKP 原生文件。

4.3.2.1　文件导入

1)Step 1

在 Lumion 导入文件之前新建一个场景，这里选择第一个就可以（图 4.3-7 ）。

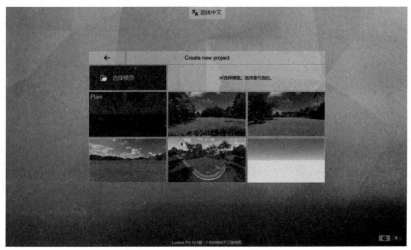

图 4.3-7　Lumion 场景新建

2)Step 2

在物体系统中点击导入按钮  打开选择文件窗口,选择公园文件打开(图 4.3-8)。

图 4.3-8　Lumion 文件导入

3)Step 3

　　导入模型后会出现一个窗口,在这里可以对文件进行重命名,如果名字呈红色说明场景中已有这个名字,需要重新起名(图 4.3-9)。

图 4.3-9　Lumion 文件重命名

4 ）Step 4

导入模型后在 Lumion 的世界坐标中心放置物体（图 4.3-10 ）。

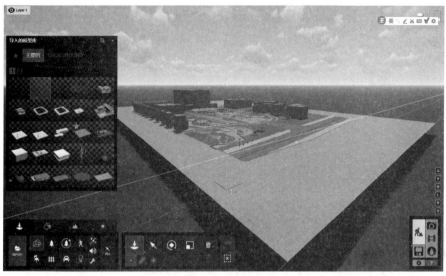

图 4.3-10　Lumion 物体放置

5 ）Step 5

场景脱离地面是因为在 SketchUp 中偏离 Z 轴以上太多，可以通过上下移动模型调整高度（图 4.3-11 ）。

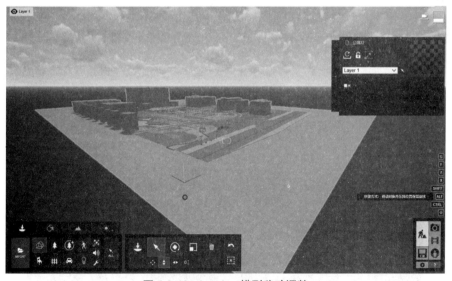

图 4.3-11　Lumion 模型移动调整

4.3.2.2 材质编辑

模型导入成功后对材质进行编辑。

1)Step 1

在材质系统 中拾取草地材质（图 4.3-12 ）。

图 4.3-12 Lumion 草地材质拾取

2)Step 2

拾取草地材质后弹出材质选择窗口,选择景观材质 ,这样后期开启草系统后就会长满草（图 4.3-13 ）。

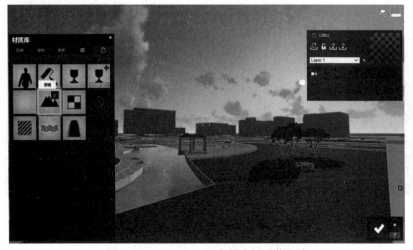

图 4.3-13 Lumion 开启景观材质草系统

3)Step 3

打开景观系统 ▲ 中的草系统 ♛ 开关 ⏻ ,调整参数,就会让刚才赋予的景观材质长满草 (图 4.3-14)。

图 4.3-14　Lumion 草地材质调整

4)Step 4

在材质系统 🖐 中拾取水面材质(图 4.3-15)。

图 4.3-15　Lumion 水面材质拾取

5)Step 5

拾取水面材质后弹出材质选择窗口,选择"各种"下的水材质(图 4.3-16)。

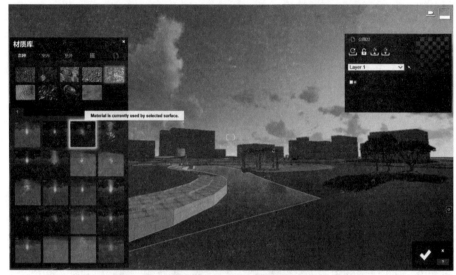

图 4.3-16 Lumion 水面材质调整

6)Step 6

在材质系统 中拾取石材地铺材质(图 4.3-17)。

图 4.3-17 Lumion 石材铺地材质拾取

7)Step 7

拾取石材铺地材质后弹出材质选择窗口,选择标准材质(图 4.3-18)。

图 4.3-18　Lumion 标准材质选择

8)Step 8

选择标准材质后添加法线增加表面细节,然后把反射率调低,不然石材会像镜子一样
(图 4.3-19)。

图 4.3-19　Lumion 石材铺地材质调整

9)Step 9

其他材质用上面的方法一个个拾取,然后选择合适的材质赋予物体并调节参数就可
以了。

4.3.2.3　物体放置

1)Step 1

在物体系统中选择自然 ▲（里面有好多品种的树），选择合适的树木（图 4.3-20）。

图 4.3-20　Lumion 选择树木

2)Step 2

点击放置按钮 ↧ 把树木放到合适的位置（图 4.3-21）。

图 4.3-21　Lumion 放置树木

3)Step 3

行道树可以用放置 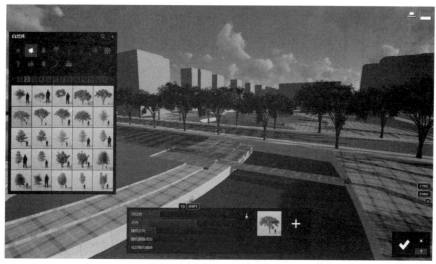 下的人群安置 快捷地调整数量、方向、间距等(图 4.3-22)。

图 4.3-22　Lumion 调整树木

4)Step 4

在物体系统中选择人和动物 (里面很多分类),选择合适的人点击按钮 ,把人放到场景中(图 4.3-23)。

图 4.3-23　Lumion 选择并放置人

5)Step 5

用同样的方法在其他地方把人物放进场景。

6 ）Step 6

在物体系统中选择交通工具 🚗 ，选择汽车点击按钮 ⬇ ，把汽车放到场景中（图 4.3-24 ）。

图 4.3-24　Lumion 选择并放置汽车

7 ）Step 7

放置物体的方法是一样的，根据设计方案一一添加物体，直到全部添加完成。

4.3.2.4　天气设置

在天气系统中调整太阳的高度和方位，这里用侧逆光作为主光，有利于塑造空间（图 4.3-25 ）。

图 4.3-25　Lumion 天气设置

4.3.2.5　照片输出

1)Step 1

点击屏幕右下角的拍照模式按钮 ，移动摄像机，找到合适的静帧出图角度，通过"Ctrl"键+数字键将当前的镜头保存(图 4.3-26)。

图 4.3-26　Lumion 拍照模式

2)Step 2

在需要添加特效的场景的缩略图上点击鼠标左键，通过 自定义风格 进入风格选择面板(图 4.3-27)。

图 4.3-27　Lumion 选择场景风格

3)Step 3

风格选择面板提供了现实的、室内、黎明、日光效果等风格和自定义风格,可根据设计要求和场景情况选择一种风格,这里选择自定义风格。

4)Step 4

添加太阳,改变主光的方向(图 4.3-28)。

图 4.3-28　Lumion 添加太阳

5)Step 5

添加阴影,打开柔和阴影开关和精美细节阴影开关,提高阴影的质量(图 4.3-29)。

图 4.3-29　Lumion 添加阴影

6)Step 6

点击渲染按钮 ，进行渲染设置，这里输出选择 1 920 px × 1 080 px（ 图 4.3-30 ）。

图 4.3-30　Lumion 渲染设置

7)Step 7

保存文件，开始渲染（ 图 4.3-31 ）。

图 4.3-31　Lumion 渲染输出

4.3.2.6　动画输出

1)Step 1

点击界面右下角的动画模式按钮![按钮],打开动画制作窗口(图 4.3-32)。

图 4.3-32　Lumion 动画模式

2)Step 2

单击加号添加当前关键帧动画,这里做向右平移运动,所以需要添加两种图片,确定好两种图片的位置计算机会自动生成补间动画(图 4.3-33)。

图 4.3-33　Lumion 动画视频设置

3)Step 3

做好关键帧动画后点击确定按钮 ✔ ,返回和所制作照片一样的窗口(图 4.3-34)。

图 4.3-34　Lumion 动画视频设置

4)Step 4

选择自定义风格添加一个现实的风格,在这里可以直接添加好多特效,不用一个个去添加(图 4.3-35)。

图 4.3-35　Lumion 选择自定义风格

5)Step 5

做好动画后点击渲染按钮  就可以对视频进行渲染设置了,这里选择 3 颗星品质,每秒 25 帧,尺寸为 1 920 px × 1 080 px(图 4.3-36)。

图 4.3-36　Lumion 视频渲染设置

6)Step 6

保存文件,开始渲染,渲染的动画静帧如图 4.3-37 所示。

图 4.3-37　Lumion 视频渲染输出

第 5 篇　景观效果图绘图员潜力提升

项目 5.1　景观方案文本制作

【项目描述】

一套完整的方案文本对项目设计理念和设计内容的完整表达尤为重要,方案文本是使甲方系统、直观地了解方案构思、方案内容和方案效果的系统性文件成果。景观效果图绘图员在三维场景建模、方案效果图输出、方案场景动画输出的技能基础上具备方案文本制作的能力,有助于整体业务能力和岗位素养的拓展。

【项目目标】

(1)了解优秀景观设计方案文本的逻辑结构与内容组成。
(2)熟悉景观方案文本不同图纸内容的专业规范、技术要领、表现内涵。

5.1.1　任务一:文本逻辑结构与内容组成

方案效果图制作是项目设计理念与方案设计可视化的主要途径,也是甲方或客户直观地了解方案效果的主要设计成果。但对景观设计公司及设计团队来说,为了更加系统地传达概念构思与设计逻辑,设计方案的完整表达不限于方案效果图和场景动画;对甲方及客户来说,只有方案效果图或场景动画的展示也不能完整地理解设计意图。所以一套结构清晰、组织合理的方案文本对设计理念和设计内容的完整呈现至关重要,方案效果图是方案文本的一个组成部分。在项目甲乙双方进行交流汇报时,设计方通常采用方案文本汇报的方式,方案文本是对方系统、直观地了解方案构思、方案内容和方案效果的系统性文件成果。

方案文本设计与编排应既能呈现美观的效果,又能准确地表达设计思路,这就需要设计人员理解以下基本要点。①明确甲方需求。分析和解读项目甲方或客户的实际所需。②明确项目目标。对于本项目,自己设立的目标是什么? 通过资料分析、项目分析、案例对比分析,辩证地确立设计目标与概念方向。③明确设计内容。为达成设计目标和设计意向,论证和取舍设计方法,丰富设计内容与设计内涵。④思考设计表达,即如何表达设计内容,明确设计表达的形式。⑤明确表达框架。确定设计表达的逻辑关系与思路。⑥确定排版色彩与风格。传达设计亮点及方案整体印象格调,使整体达到协调统一。

一套完整的景观项目方案文本通常包含以下内容:封面,目录,扉页,项目前期分析(一般包括项目区位分析、场地周边环境分析、场地空间特点分析、项目服务人群分析、项目设计需求分析等），方案设计概念（一般包括方案设计意向、方案主题概念定位、设计理念与基本策略等），方案总图设计（一般包括总平面布置图、总平面交通流线分析、总平面景观视线分析、总平面空间结构分析、总平面功能分区分析等），方案主要节点与组团详细设计（一般包括主要节点平面图、主要节点透视效果图、组团平面图、组团透视效果图等），方案专项设计（一般包括绿化设计、铺装设计、基础设施及小品设计、导视设计、照明设计等）。具体的文本结构与图纸内容应根据具体项目对象的特点而编排设定（图5.1-1）。在文本结构与图纸内容编排时应根据项目对象和设计内容梳理方案文本的组织思路，确定方案文本的逻辑结构，确立方案文本的框架。

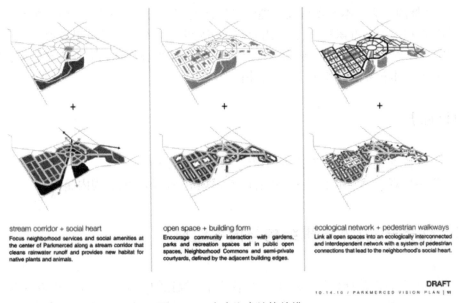

图5.1-1　方案文本结构编排

　　下面从众多国内外设计公司及事务所的项目方案中选取文本案例，以供学习和参考，并依托这些文本剖析方案文本的基本组成要素和制作内容。

5.1.2　任务二：文本封面与版式制作

　　方案文本的封面主要起到点题的作用，整体上应遵循简洁、大气的基本原则，简明扼要地传达项目的基本信息，主要包括底图元素、项目名称、设计类型、设计日期、设计单位等内容。设计与制作文本封面时应注意：文本封面的色调、风格应与项目的特点协调统一，体现项目类型和特色；文本封面上的文字应主次分明、对比得当、布局合理（图5.1-2～图5.1-5）。
　　在进行封面设计构思时可采用以下几种常见思路。①选取设计方案中的突出亮点并进行抽象化表达，用概括、简洁的图形串接封面文字。②善用肌理。以项目设计图纸为背景肌理，突显部分设计形态，让读者对设计范围与设计风貌形成初步印象并对后续设计内容产生期待。③艺术化处理。结合优质的场景环境渲染图像或手绘图纸进行艺术表达,传达出美观度与艺术观赏性较高的封面,满足读者对品质、美学属性的更高需求。

图 5.1-2　方案文本封面 1

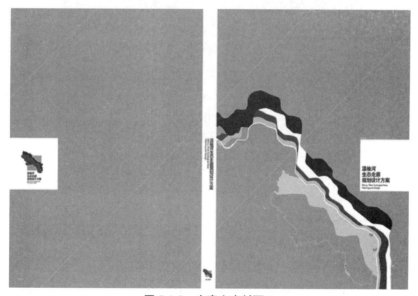

图 5.1-3　方案文本封面 2

Design Guidelines

Waukegan Lakefront - Downtown Master Plan
March 2005

图 5.1-4　方案文本封面 3

Zone 1 Overview

图 5.1-5　方案文本封面 4

5.1.3　任务三：文本目录制作

　　方案文本的目录主要起到内容检索以及介绍文本结构的作用，目录编排顺序得当、结构简洁、有条理性，可以让读者整体浏览方案概要并快速找到哪一页是什么内容（图 5.1-6~图 5.1-8）。

　　方案文本目录是方案设计结构的明确化、具体化。编排目录时应按照一定的逻辑顺序梳理各篇章与子项目名称关系，将每个部分的图纸内容按照合理的顺序排序，对图纸目录的字体、字号、字间距及行间距进行统一设置。

图 5.1-6　方案文本目录 1

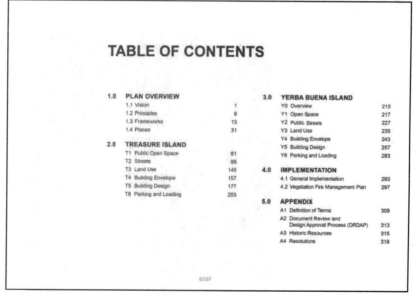

图 5.1-7　方案文本目录 2

图 5.1-8　方案文本目录 3

5.1.4　任务四：文本扉页制作

　　方案文本的扉页主要用于分隔板块，提醒读者进入下一个主题。文本扉页在使文本具有阅读节奏的同时，也给读者一个阅读的间隙。扉页的风格通常与封面前后呼应、协调一致，色块保持统一，具有一定的装饰性作用（图 5.1-9、图 5.1-10 ）。

图 5.1-9　方案文本扉页 1

图 5.1-10　方案文本扉页 2

5.1.5　任务五:项目前期分析文本制作

　　景观设计的前期分析在表现形式与分析内容上形式非常多样,运用的软件也各不相同,很多前期分析图需要多种软件协调应用。因此,想要做好前期分析,需要一定的综合能力。例如,综合性较强的大型景观设计需要具备一定的水文、地理、规划、历史、文化、心理学知识,并通过资料分析、数据提取和设计逻辑能力将所有的分析内容较有逻辑地融合起来。

　　概括地讲,方案文本的前期分析部分包含了与场地相关的区位信息、空间特征、周边环境资源等内容。其中,项目区位分析主要介绍项目地块所处的地理位置、都市环境以及周边情况。项目场地分析通常涉及场地性质、场地空间特征、周边用地性质、场地已有建筑功能、服务人群定位等内容。前期分析可引导读者理解设计对象,从而进入方案的设计逻辑(图5.1-11~图 5.1-18)。

　　经过比较充分的方案前期分析,引出方案初步意向,可进入方案概念设计部分。方案概念设计部分一般包括方案设计意向、方案设计目标、方案主题概念定位、设计理念与策略等图纸(图 5.1-19、图 5.1-20)。

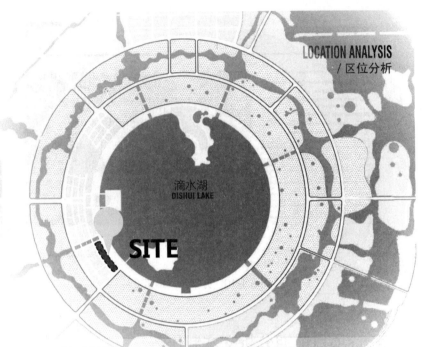

1. 滴水湖又名芦潮湖，位于上海市浦东新区南汇新城，处于杭州湾与长江河口交汇处的东海之滨，距离上海市中心约 76 千米，是南汇新城的中心湖泊。

2. 滴水湖距上海市中心约 75 千米、南离洋山深水港约 32 千米、北距浦东国际机场约 25 千米。周边有轨道交通地铁 16 号线滴水湖站，自驾路线，S2 沪芦高速公路，申港大道。

3. 港城广场三期毗邻眺望滴水湖，视线开阔，风光优越……

图 5.1-11　　项目区位分析 1

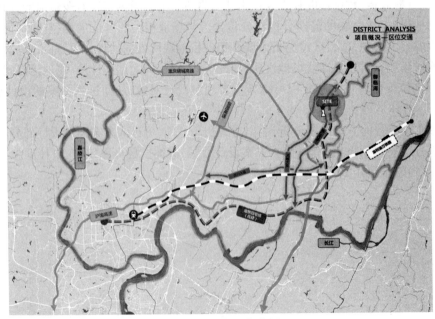

图 5.1-12　　项目区位分析 2

The City of Waukegan Lakefront Downtown Master Plan

A Vision for the Lakefront and Downtown

Downtown Waukegan will become a vibrant city center, a place for jobs, shopping, entertainment and urban living. The South Lakefront and the Harbor will become home to new waterfront neighborhoods. The North Lakefront will become an international model for environmental and ecological restoration. The transformation of Waukegan's Lakefront and Downtown will signal a broader transformation of the city and its place in the region.

图 5.1-13　项目前期分析 1

Treasure Island and Yerba Buena Island Design for Development

GEOLOGY

Geologic conditions are an important design parameter, informing and calibrating the location and intensity of development. Yerba Buena Island is 340 feet tall, a steep and ancient geological remnant of the rock formations that predate the formation of the Bay. Treasure Island is a flat, human-made artifact, barely 80 years old, built from 29 million cubic yards of sand and gravel dredge material pumped inside a perimeter retaining wall made of 250 thousand tons of rock.

The dense, strong rock layer that supports Yerba Buena Island slopes downward away from the island to the north and west. In the southeasterly portions of Treasure Island, its fill material rests directly upon this dense layer. However, the areas of Treasure Island to the north and west are underlain by increasing depths of much softer Bay Mud, which is less suitable as a foundation system for new construction. As a result, the most appropriate building sites on Treasure Island are located at its south and southeast edges, while areas of limited soil capacity

to the north and west are generally targeted for open space uses. New development is concentrated in areas with the best soil capacity, with increasing intensities and heights toward the southeast corner of Treasure Island.

Yerba Buena Island's geologic challenges are posed by the presence of steep slopes, which are present in many places on the island and often create soil instability. As a result, new construction on Yerba Buena Island is limited to areas that are generally flat and have been previously developed.

Figure 1.3.a: Bay Mud

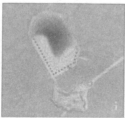

Figure 1.3.b: Limited Soil Capacity

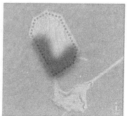

Figure 1.3.c: Best Soil Capacity

14 | PUBLIC REVIEW DRAFT 03.05.10

29/337

图 5.1-14　项目前期分析 2

图 5.1-15　项目前期分析 3

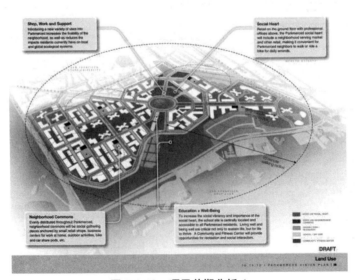

图 5.1-16　项目前期分析 4

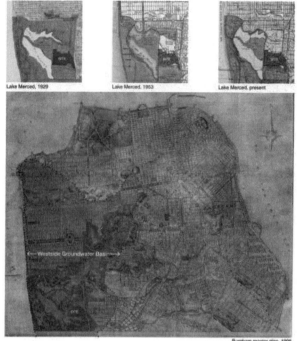

图 5.1-17　项目场地分析 1

图 5.1-18　项目场地分析 2

理想城市的探寻

GARDEN CITY

1898：田园城市

为健康、生活以及产业而设计的城市，它的规模定以提供丰富的社会生活。但不应超过这一程度。

VANCOUVER

1976：人居城市

提出以持续发展的方式提供住房、基础设施服务、城市成长带来的就业机会之基住性。

ZURICH

1986：健康城市

WHO欧洲区域办公室、国际城市健康计划项目组交流、建康城市项目（healthy cities project, HCP）。

图 5.1-19　方案设计概念 1

"情感枢纽"——多维度复合型艺术娱乐中心

广场绿地是周边的生活情感交流枢纽，将不同的面孔汇聚于此形成交织，推动创意思想碰撞及情感交流，它是复合的、快乐的空间。

图 5.1-20　方案设计概念 2

5.1.6　任务六：方案总图设计文本制作

方案文本的总体设计主要包括方案总平面布置图、方案主要立面图、方案剖面图、方案整体空间效果图、方案总平面分析图。其中，方案总平面分析图通常包含总平面景观视线分析、总平面空间结构分析、总平面功能分区分析、总平面交通流线分析等内容（图 5.1-23~图 5.1-26）。

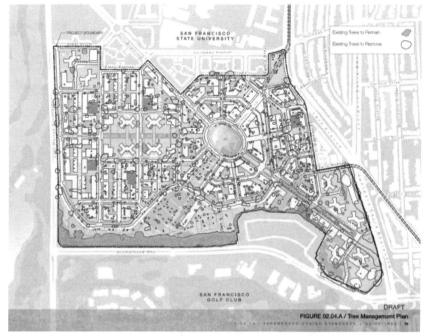

图 5.1-21　方案总平面布置图 1

图 5.1-22　方案总平面布置图 2

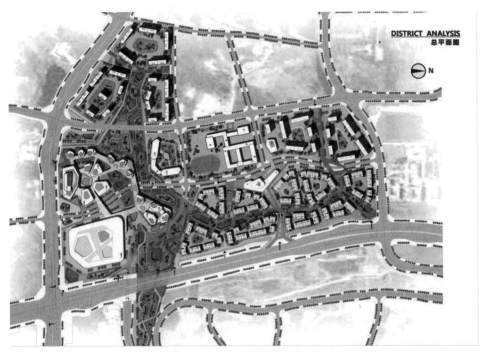

图 5.1-23　方案总平面布置图 3

图 5.1-24　方案鸟瞰效果图

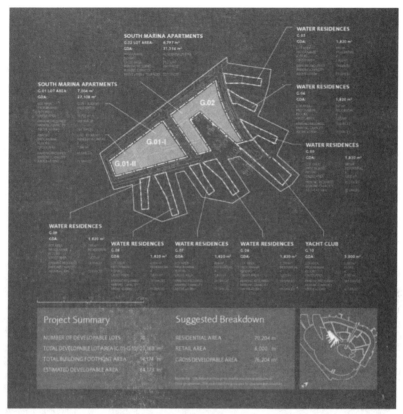

图 5.1-25　方案总平面空间结构分析

人行流线分析图

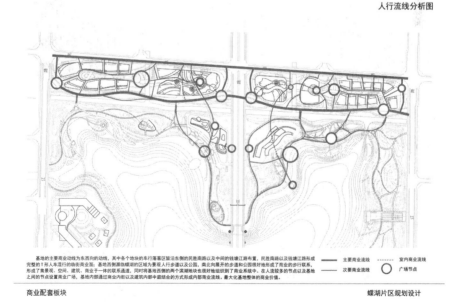

基地的主要商业动线为东西向的动线，其中各个地块的车行落客区皆沿东侧的民胜南路以及中间的钱塘江路布置，民胜南路以及钱塘江路形成
完整的 T 形人车混行的临街商业街；基地西侧濒临蝶湖的区域为景观人行步道以及公园，南北向展开的步道和公园很好地组织到了商业的步行联系，
形成了集景观、空间、建筑、商业于一体的联系通道，同时将基地西侧的两个滨湖地块也很好地组织到了商业系统中。在人流较多的节点以及基地
之间的节点设置商业广场，基地内部通过商业内街以及建筑内部中庭结合的方式形成内部商业流线，最大化基地整体的商业价值。

主要商业流线　　　　室内商业流线

次要商业流线　　○　广场节点

商业配套板块　　　蝶湖片区规划设计

图 5.1-26　方案总平面交通流线分析

5.1.7　任务七：方案节点与组团设计文本制作

　　景观节点通常指具有观赏性和代表性的视线汇聚处,往往承担着特定的功能。景观节点一般是整个景观轴线上比较突出的焦点,同时自身又具有一定的空间区域。组团设计是景观空间处理和功能分区组织的一种方式。组团绿地景观是指将建筑、道路、广场等空间元素组合起来,形成一系列相互关联、相互依存的绿色空间,从而构建景观生态系统。它将城市中的绿地、水体、植被和人文景观有机地结合起来,营造自然、舒适、美丽的景观环境。

　　景观方案文本在总体设计和总图分析的基础上,可以对主要节点和组团进行图纸表达,即分区表达,以便甲方进一步了解方案设计内容。图纸内容主要包括景观节点或组团平面图、景观节点或组团效果图等(图 5.1-27~图 5.1-31)。

图 5.1-27　方案景观组团效果图 1

▶ **婆娑树影下的小花园。**
THE LITTLE GARDEN IN THE SHADOW OF THE TREES.

图 5.1-28　方案景观组团效果图 2

Creating Great Places

Leverage the renovation of the Genesee Theatre to support a revitalized Genesee Street with retail and dining

A dynamic mix of uses will create a Downtown that is lively and active during the day, evening and weekend

Reinforce Sheridan Road as a residential and mixed-use corridor with a bluff-top promenade

Strengthen South Downtown as a mixed-use district anchored by a new baseball stadium at Sheridan Road and Belvidere Road

图 5.1-29　方案景观节点效果图

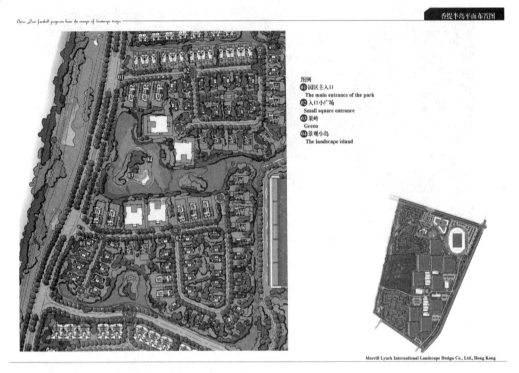

图例
❶ 园区主入口
　 The main entrance of the park
❷ 入口小广场
　 Small square entrance
❸ 果岭
　 Green
❹ 景观小岛
　 The landscape island

Merrill Lynch International Landscape Design Co., Ltd., Hong Kong

图 5.1-30　方案景观组团平面图 1

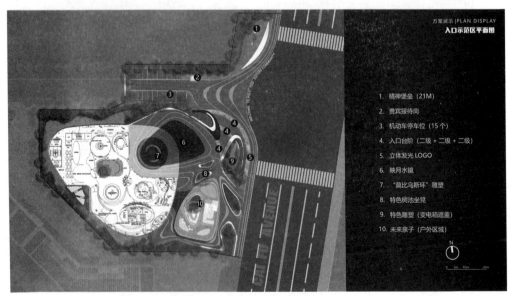

方案展示 | PLAN DISPLAY
入口示范区平面图

1. 精神堡垒（21M）
2. 贵宾接待岗
3. 机动车停车位（15 个）
4. 入口台阶（二级＋二级＋二级）
5. 立体发光 LOGO
6. 映月水镜
7. "莫比乌斯环" 雕塑
8. 特色树池坐凳
9. 特色雕塑（变电箱遮盖）
10. 未来亲子（户外区域）

图 5.1-31　方案景观组团平面图 2

5.1.8 任务八:方案专项设计文本制作

专项设计通常是方案文本的最后一部分。方案专项设计部分根据具体项目的特点通常包含植物绿化设计、铺装及材料设计、导视设计、基础设施及小品设计、照明灯具设计等图纸内容。

1)植物绿化设计

方案植物绿化设计如图 5.1-32 和图 5.1-33 所示。

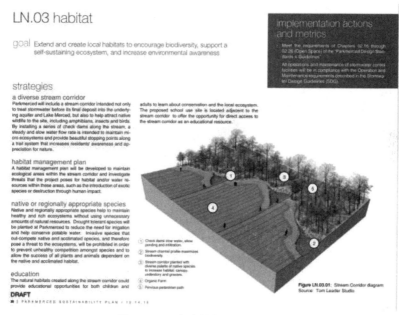

图 5.1-32 方案植物绿化设计 1

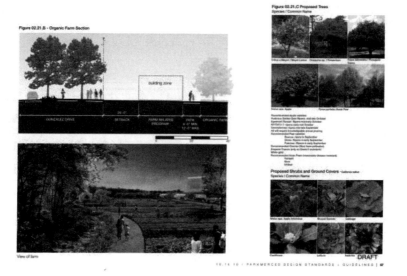

图 5.1-33 方案植物绿化设计 2

2）铺装及材料设计

方案铺装及材料设计如图 5.1-34 所示。

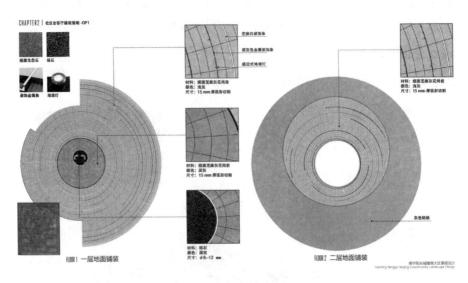

图 5.1-34　方案铺装及材料设计

3）基础设施及小品设计

方案基础设施及小品设计如图 5.1-35 所示。

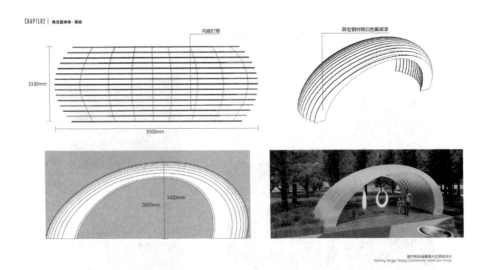

图 5.1-35　方案基础设施及小品设计

4)照明灯具设计

方案照明灯具设计如图 5.1-36 所示。

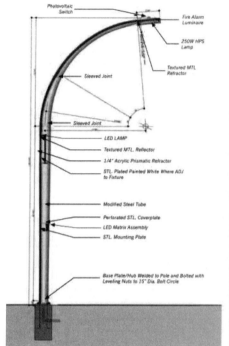

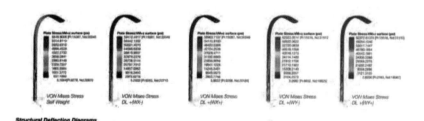

图 5.1-36　方案照明灯具设计

附　　录

表 1　SketchUp 常用快捷键一览表

	SketchUp 常用命令	快捷键	菜单位置
"标准" 工具栏	新建	Ctrl+N	文件（F）—新建（N）
	打开	Ctrl+O	文件（F）—打开（O）
	保存	Ctrl+S	文件（F）—保存（S）
	剪切	Ctrl+X	编辑（E）—剪切（T）
	复制	Ctrl+C	编辑（E）—复制（C）
	粘贴	Ctrl+V	编辑（E）—粘贴（P）
	擦除	Delete	编辑（E）—删除（D）
	撤销	Ctrl+Z	编辑（E）—撤销
	重做	Ctrl+Y	编辑（E）—重做（T）
	打印	Ctrl+P	文件（F）—打印（P）
	模型信息		窗口（W）—模型信息
"主要" 工具栏	选择	空格	工具（T）—选择（S）
	制作组件	Alt+O	编辑（E）—制作组件（M）
	材质	X	工具（T）—材质
	擦除	E	工具（T）—删除（E）
"绘图" 工具栏	直线	L	绘图（R）—直线（L）
	手绘线	Shift+F	绘图（R）—（F）
	矩形	B	绘图（R）—形状（S）—矩形（R）
	圆	C	绘图（R）—形状（S）—圆（C）
	多边形	Shift+B	绘图（R）—形状（S）—多边形（G）
	中心圆弧		绘图（R）—圆弧（A）—圆弧（A）
	两点圆弧	A	绘图（R）—圆弧（A）—两点圆弧
	三点圆弧		绘图（R）—圆弧（A）—3 点圆弧
	扇形		绘图（R）—圆弧（A）—扇形
"编辑" 工具栏	移动	V	工具（T）—移动（V）
	推/拉	U	工具（T）—推/拉（P）
	旋转	R	工具（T）—旋转（T）
	路径跟随	D	工具（T）—路径跟随（F）
	缩放	S	工具（T）—缩放（C）
	偏移	F	工具（T）—偏移（O）

SketchUp 常用命令		快捷键	菜单位置
"建筑施工"工具栏	卷尺	Q	工具（T）—卷尺（M）
	尺寸	Alt+T	工具（T）—尺寸（D）
	量角器	Shift+Q	工具（T）—量角器（O）
	文字标注	Shift+T	工具（T）—文字标注（T）
	坐标轴	Y	工具（T）—坐标轴（X）
	三维文字	T	工具（T）—三维文字（3）
"相机"工具栏	转动	鼠标中键	相机（C）—转动（O）
	平移	Shift+鼠标中键	相机（C）—平移（P）
	缩放	Alt+C+Z	相机（C）—缩放（Z）
	缩放窗口	Ctrl+Alt+W	相机（C）—缩放窗口（W）
	缩放范围	Shift+Z	相机（C）—缩放范围（E）
	上一个		相机（C）—上一个（R）
	定位相机	Alt+C	相机（C）—定位相机（M）
	绕轴旋转	鼠标中键	
	漫游	W	相机（C）—漫游（W）
"截面"工具栏	剖切面	P	工具（T）—剖切面（N）
	显示剖切		视图（V）—显示剖切（P）
	剖面切割		视图（V）—剖面切割（P）
	剖面填充		视图（V）—剖面填充（P）
"视图"工具栏	等轴视图	F8	相机（C）—标准视图（S）—等轴视图（I）
	俯视图	F2	相机（C）—标准视图（S）—顶视图（T）
	前视图	F4	相机（C）—标准视图（S）—前视图（F）
	右视图	F7	相机（C）—标准视图（S）—右视图（R）
	后视图	F5	相机（C）—标准视图（S）—后视图（B）
	左视图	F6	相机（C）—标准视图（S）—左视图（L）
	底视图	F3	相机（C）—标准视图（S）—底视图（O）
"实体工具"工具栏	外壳	K	工具（T）—外壳（S）
	相交		工具（T）—实体工具（T）—交集（I）
	联合		工具（T）—实体工具（T）—并集（U）
	减去		工具（T）—实体工具（T）—差集（S）
	修剪		工具（T）—实体工具（T）—修剪（T）
	拆分		工具（T）—实体工具（T）—拆分（P）

SketchUp 常用命令		快捷键	菜单位置
"沙盒"工具栏	根据等高线创建		工具（T）—沙箱—根据等高线创建
	根据网络创建		工具（T）—沙箱—根据网络创建
	曲面起伏		工具（T）—沙箱—曲面起伏
	曲面平整		工具（T）—沙箱—曲面平整
	曲面投射		工具（T）—沙箱—曲面投射
	添加细部		工具（T）—沙箱—添加细部
	对调角线		工具（T）—沙箱—对调角线
"高级镜头"工具栏	使用真实的相机参数创建物理相机		
	仔细查看通过"创建相机"创建的相机		工具（T）—高级镜头工具—仔细查看相机
	锁定/解锁当前相机		工具（T）—高级镜头工具—锁定/解锁当前相机
	显示/隐藏通过"创建相机"创建的所有相机		工具（T）—高级镜头工具—显示/隐藏所有相机
	显示/隐藏所有相机视锥体		工具（T）—高级镜头工具—显示/隐藏所有相机视锥体
	清除从横比栏并返回默认相机		
其他常用快捷键	X 光透视模式	Ctrl+~	视图（V）—表面类型（V）—X 光透视模式（X）
	线框显示	Ctrl+1	视图（V）—表面类型（V）—线框显示（X）
	消隐	Ctrl+2	视图（V）—表面类型（V）—消隐
	着色显示	Ctrl+3	视图（V）—表面类型（V）—着色显示（H）
	贴图	Ctrl+4	视图（V）—表面类型（V）—贴图（T）
	单色显示	Ctrl+5	视图（V）—表面类型（V）—单色显示（M）
	创建组件	W	编辑（E）—创建组件（M）
	创建群组	G	编辑（E）—创建群组（G）
	隐藏物体	Alt+H	视图（V）—隐藏物体（H）
	阴影	Alt+S	视图（V）—阴影（D）

表 2　AutoCAD 常用快捷键一览表

AutoCAD 常用命令		命令	快捷键
"标准"工具栏	新建	new	Ctrl+N
	打开	open	Ctrl+O
	保存	save	Ctrl+S
	剪切	cutclip	Ctrl+X
	复制	copy	Ctrl+C

续表

AutoCAD 常用命令		命令	快捷键
"标准"工具栏	粘贴	pasteclip	Ctrl+V
	擦除	delete	Delete
	撤销	undo	Ctrl+Z
	重做	Ctrl+Y	Ctrl+Y
	打印	print	Ctrl+P
	工具选项板	Ctrl+3	Ctrl+3
	平移	pan	P
	帮助	F1	F1
视窗缩放	实时缩放		Z+空格
	局部放大		Z
	返回上一视图		Z+P
	显示全图		Z+E
	显示窗选部分		Z+W
对象特性	设计中心	ADCENTER	ADC
	修改特性	PROPERTIES	CH
	属性匹配	MATCHPROP	MA
	文字样式	STYLE	ST
	设置颜色	COLOR	COL
	图层操作	LAYER	LA
	线形	LINETYPE	LT
	线形比例	LTSCALE	LTS
	线宽	LWEIGHT	LW
	图形单位	UNITS	UN
	属性定义	ATTDEF	ATT
	编辑属性	ATTEDIT	ATE
	边界创建	BOUNDARY	BO
	对齐	ALIGN	AL
	退出	QUIT	EXIT
	输出其他格式文件	EXPORT	EXP
	输入文件	IMPORT	IMP
	自定义 CAD 设置	OPTIONS	OP,PR
	打印	PLOT	PRINT
	清除垃圾	PURGE	PU
	重新生成	REDRAW	RE

AutoCAD 常用命令		命令	快捷键
	重命名	RENAME	REN
	捕捉栅格	SNAP	SN
	设置极轴追踪	DSETTINGS	DS
	设置捕捉模式	OSNAP	OS
	打印预览	PREVIEW	PRE
	工具栏	TOOLBAR	TO
	命名视图	VIEW	V
"实体"工具栏	长方体	box	BOX
	球体	sphere	SPHERE
	圆柱体	cylinder	CYLINDER
	圆锥体	cone	CONE
	楔体	wedge	WE
	拉伸	extend	EXT
	旋转	rev	REV
	剖切	slice	SL
	切割	section	SEC
	干涉	intervene	INF
	设置图形	solid draw	SOLDRAW
	设置视图	solid view	SOLVIEW
	设置轮廓	solid prof	SOLPROF
	圆环	torus	TOR

AutoCAD 常用命令		命令	快捷键
"绘图"工具栏	直线	line	L
	构造线	xline	XL
	多线	mline	ML
	多段线	pline	PL
	正多边形	polygon	POL
	矩形	rectangle	REC
	圆弧	arc	A
	圆	circle	C
	修订云线	revise cloud	REVCLOUD
	样条曲线	spline	SPL
	编辑样条曲线	spline edit	SPE
	椭圆	ellipse	EL
	椭圆弧	elliptic arc	ELLIPSE
	插入块	insert block	I
	创建块（内部）	build block	B
	点	point	PO
	图案填充	bhatch	H
	面域	region	REG
	多行文字	mtext	T
	单行文字	text	DT
	等分	divide	DIV
	定距等分	measure	ME

AutoCAD 常用命令		命令	快捷键
"修改"工具栏	删除	delete	E
	复制	copy	CO
	镜像	mirror	MI
	偏移	offset	O
	阵列	array	AR
	移动	move	M
	旋转	rotate	RO
	缩放	scale	SC
	拉伸	stretch	S
	修剪	trim	TR
	延伸	extend	EX
	打断于点	break	BR
	打断	break	BR
	倒角	chamfer	CHA
	圆角	fillet angle	F
	分解	explode	X
对象捕捉	临时追踪点	tracking point	TT
	捕捉自	from	FRO
	捕捉端点	end point	END
	捕捉中点	midpoint	MID
	捕捉交点	intersection point	INT
	捕捉外观交点	appearance intersection	APP
	捕捉到延长线	extended line	EXT
	捕捉圆心	center of a circle	CEN
	捕捉象限点	quadrantal point	QUA
	捕捉垂足	perpendicular point	PER
	捕捉到平行线	parallel line	PAR
	捕捉插入点	insertion point	INS
	捕捉节点	node	NOD
	捕捉最近点		NEA
	捕捉切点	tangential point	TAN
	无捕捉		NON

AutoCAD 常用命令		命令	快捷键
尺寸标注	线性标注	dimlinear	DLI
	对齐标注	dimaligned	DAL
	半径标注	dimradius	DRA
	直径标注	dimdiameter	DDI
	角度标注	dimangular	DAN
	中心标注	dimcenter	DCE
	点标注	dimordinate	DOR
	标注形位公差	tolerance	TOL
	快速引出标注	qleader	LE
	基线标注	dimbaseline	DBA
	连续标注	dimcontinue	DCO
	标注样式	dimstyle	D
	编辑标注	dimedit	DED
	替换标注系统变量	dimoverride	DOV
常用功能键	帮助	HELP	F1
	文本窗口		F2
	对象捕捉	OSNAP	F3
	栅格	GRIP	F7
	正交		F8

表 3　Photoshop 常用快捷键一览表

Photoshop 常用命令		快捷键
常用命令	恢复	F12
	填充	Shift+F5
	羽化	Shift+F6
	选择→反选	Shift+F7
	隐藏选定区域	Ctrl+H
	取消选定区域	Ctrl+D
	关闭文件	Ctrl+W
	退出 Photoshop	Ctrl+Q
	取消操作	Esc

Photoshop 常用命令		快捷键
工具栏操作	矩形、椭圆选框	M
	裁剪	C
	移动	V
	套索、多边形套索、磁性套索	L
	魔棒	W
	喷枪	J
	橡皮图章、图案图章	S
	历史记录画笔	Y
	橡皮擦	E
	铅笔、直线	N
	模糊、锐化、涂抹	R
	减淡、加深、海绵	O
	钢笔、自由钢笔、磁性钢笔	P
	添加锚点	-
	直接选取	A
	文字、文字蒙板、直排文字、直排文字蒙板	T
	度量	U
	直线渐变、径向渐变、对称渐变、角度渐变、菱形渐变	G
	油漆桶	K
	吸管、颜色取样器	I
	抓手	H
	缩放	Z
	默认前景色和背景色	D
	切换前景色和背景色	X
	切换标准模式和快速蒙板模式	Q
	标准屏幕模式、带有菜单栏的全屏	F
	临时使用移动工具	Ctrl
	临时使用吸色工具	Alt
	临时使用抓手工具	空格
	打开工具选项面板	Enter
	快速输入工具选项（当前工具选项）	0 至 9
	循环选择画笔	[或]
	选择第一个画笔	Shift+[
	选择最后一个画笔	Shift+空格
	建立新渐变（在"渐变编辑器"中）	Ctrl+N

	Photoshop 常用命令	快捷键
文件操作	新建图形文件	Ctrl+N
	打开已有的图像	Ctrl+O
	关闭当前图像	Ctrl+W
	保存当前图像	Ctrl+S
	另存为	Ctrl+Shift+S
	存储副本	Ctrl+Alt+S
	页面设置	Ctrl+Shift+P
	打印	Ctrl+P
	打开"预置"对话框	Ctrl+K
	显示最后一次显示的"预置"对话框	Alt+Ctrl+K
编辑操作	还原/重做前一步操作	Ctrl+Z
	还原两步以上操作	Ctrl+Alt+Z
	剪切选取的图像或路径	Ctrl+X
	拷贝选取的图像或路径	Ctrl+C
	将内容粘到当前图形中	Ctrl+V
	自由变换	Ctrl+T
	中心或对称变换	Alt
	限制（变换）	Shift
	扭曲（变换）	Ctrl
	取消变形（变换）	Esc
	删除选框中的图案	Delete
	用背景色填充选区	Ctrl+Delete
	用前景色填充选区	Alt+Delete
	弹出"填充"对话框	Shift+空格
图像调整	调整色阶	Ctrl+L
	自动调整色阶	Ctrl+Shift+L
	打开曲线调整对话框	Ctrl+M
	去色	Ctrl+Shift+U
	反相	Ctrl+1

表 4　Lumion 常用快捷键一览表

Lumion 常用命令		快捷键	备注
选取、复制、移动及对齐物体	方形选区	Ctrl + 鼠标左键	
	复制所选物体	Alt+ 移动	
	用鼠标直接拖动移动物体	Escape	
	可移动物体的高度	H	
	旋转物体	R	
	关闭捕捉	G	可临时关闭对物体的捕捉
	将物体与山坡的法线方向对齐	F	树和植物除外
	移动物体时将所选的单个物体与其下面的物体对齐	Ctrl+ F	
	临时关闭捕捉	Shift+ 移动	关闭捕捉会导致所移动的物体飘在空中或与其他物体重叠
	使所选的物体与被单击的物体具有相同的高度	Ctrl+相同高度	
保存摄像机设置	保存 10 个摄像机位置	Ctrl+ 1 至 9	
	载入所保存的摄像机的位置	1 至 9	
高分辨率纹理贴图	忽略内建的贴图尺寸并且尽量使模型的贴图尺寸接近其原始的贴图尺寸	Ctrl + Reload button(重载按钮)	假如对导入的模型赋予了标准或灯光贴图材质,载入的贴图将会使用其原始的分辨率
手动更新灯光及用于反射的天空立体贴图	手动更新天空立体贴图及照明	Ctrl +	通常此贴图仅在更新了天气部分的天空/照明后才更新
导航	向前移动摄像机	W/上箭头	
	向后移动摄像机	S/下箭头	
	向左移动摄像机	A/左箭头	
	向右移动摄像机	D/右箭头	
	向上移动摄像机	E	
	双倍速移动摄像机	Shift+W/S/A/D/Q/E	
	按下鼠标右键 + 移动鼠标	S	
	历史记录画笔工具	Y	
	橡皮擦工具	E	
	铅笔、直线工具	N	
	模糊、锐化、涂抹工具	R	
	减淡、加深、海绵工具	O	
	钢笔、自由钢笔、磁性钢笔	P	
	添加锚点工具	-	
	直接选取工具	A	

Lumion 常用命令		快捷键	备注
导航	文字、文字蒙板、直排文字、直排文字蒙板	T	
	度量工具	U	
	直线渐变、径向渐变、对称渐变、角度渐变、菱形渐变	G	
	油漆桶工具	K	
	吸管、颜色取样器	I	
	抓手工具	H	
	缩放工具	Z	
	默认前景色和背景色	D	
	切换前景色和背景色	X	
	切换标准模式和快速蒙板模式	Q	
	标准屏幕模式、带有菜单栏的全屏	F	
	临时使用移动工具	Ctrl	
	临时使用吸色工具	Alt	
	临时使用抓手工具	空格	
	打开工具选项面板	Enter	
	快速输入工具选项（当前工具选项）	【0】至【9】	
	循环选择画笔	【 [】或【] 】	
	选择第一个画笔	Shift+[	
	选择最后一个画笔	Shift+空格	
	建立新渐变（在"渐变编辑器"中）	Ctrl+N	

参考文献

[1] 王志乔. 当代景观设计师的基本素养与职业技能研究[M]. 北京:中国水利水电出版社, 2016.

[2] 周玉明. 景观设计[M]. 苏州:苏州大学出版社,2010.

[3] 赵宇. 城市广场与街道景观设计[M]. 重庆:西南师范大学出版社,2011.

[4] 孙哲,潘鹏. SketchUp 建模思路与技巧[M]. 北京:清华大学出版社,2023.

[5] 陈秋晓,徐丹,陶一超,等. SketchUp & Lumion 辅助城市规划设计[M]. 杭州:浙江大学出版社,2016.

[6] 谭俊鹏,边海. Lumion/SketchUp 印象:三维可视化技术精粹[M]. 北京:人民邮电出版社,2012.

[7] 马亮,王芬,边海. SketchUp 印象:城市规划项目实践[M]. 2 版. 北京:人民邮电出版社, 2013.

[8] 石莹,林佳艺. SketchUp 景观设计方案[M]. 南京:江苏人民出版社,2011.